巢湖地学实习教程

陈时亮　编著

黄河水利出版社

·郑州·

内 容 提 要

　　野外地质实习是相关专业,特别是地质与资源勘查类专业学生实践教学的重要组成部分,区域地质调查更是学生进行专业综合能力训练的重要环节。本书对巢湖北部山区的地质资料进行了系统的归集,并收集、整理了巢湖北岸的中庙—肥东四顶山地区的地质资料,从而为在巢湖地区进行地质认识实习和地质填图实习的师生提供了较为系统的参考资料。实习区域内岩石地层类型较为齐全,地质构造形态清晰易于辨认,古生物化石丰富,地质工作程度较高。全书分为三篇,第一篇重点介绍了巢湖北部地区的地质特征,第二篇重点介绍了巢湖中庙—肥东四顶山一带地质特征及郯庐断裂带糜棱岩研究,第三篇重点介绍了区域地质调查工作方法。

　　本书可作为高等职业院校地学类专业学生野外实习教材,也可供其他地质工作者参考。

图书在版编目(CIP)数据

　　巢湖地学实习教程/陈时亮编著. —郑州:黄河水利
出版社,2014.8
　　ISBN 978 - 7 - 5509 - 0899 - 4

　　Ⅰ.①巢⋯　Ⅱ.①陈⋯　Ⅲ.①区域地质 – 实习 – 巢
湖市 – 教材　Ⅳ.①P562.544 – 45

　　中国版本图书馆 CIP 数据核字(2014)第 201475 号

───────────────────────────

出　版　社:黄河水利出版社
　　　　地址:河南省郑州市顺河路黄委会综合楼 14 层　邮政编码:450003
发行单位:黄河水利出版社
　　　　发行部电话:0371 –66026940、66020550、66028024、66022620(传真)
　　　　E-mail:hhslcbs@126.com
承印单位:河南省瑞光印务股份有限公司
开本:787 mm×1 092 mm　1/16
印张:8.5　　　　　　　　　　　　插页:2
字数:157 千字　　　　　　　　　　印数:1—1 500
版次:2014 年 8 月第 1 版　　　　　印次:2014 年 8 月第 1 次印刷
───────────────────────────
定价:25.00 元

前　言

区域地质调查又称区域地质测量,简称区调或区测。

区域地质调查实践课程是每个从事地质学或与之相关专业学习的学生的必修课程,该课程的教学宗旨和所安排的内容是让每个学生学习作为一个地质工作者(包括生产、教学、科学研究)必须掌握的基本工作方法。

区域地质调查是一项十分重要的基础性、公益性的地质工作,其目的和任务是通过不同比例尺的地质填图来查明一定区域范围内地层、岩石、构造、矿产等各种地质体的分布和组成特点,系统研究其属性、生成环境、地质背景、相互关系及发展演化规律等基础地质问题,为国民经济建设各部门(例如矿产地质、水文地质、工程地质、灾害地质、环境地质、农业地质等调查)提供基础资料的主要方法和途径。

区域地质调查实习涉及众多基础地质理论,如古生物地史学、矿物学、岩石学、构造地质学、工程及水文地质学、地貌学、矿床学等学科,因此它实际上是对学生所学专业基础知识的一次大检阅、一次综合性的实习,同时也是一次地质调查工作方法的综合而又系统的训练。

本书是根据区调专业培养目标和课程教学大纲的要求,以巢湖市北部山区为区域地质调查实习基地进行教材编写的,旨在给学生、指导教师以实习参考。本书可以帮助学生提高对野外地质现象的认知能力,锻炼学生的野外工作能力,为以后的野外地质工作打下较为坚实的基础。

为了兼顾满足地质认识实习的要求,本书在第二篇安排了巢湖中庙—肥东四顶山一带地质特征及郯庐断裂带糜棱岩研究,主要介绍了区域内出露的沉积岩、岩浆岩、变质岩,以及湖泊地质作用与郯庐断裂肥东段的基本情况。

为了给不同专业、不同实习目的的学生以更多的参考,本书还编排了一些具体的地质实习线路。本书也可以给地理、水文、工程等专业提供实习参考。

本书参考了南京大学、合肥工业大学、长安大学、安徽省地质调查院等编写的区域地质调查资料,以及《巢湖志》等,还参考了一些地质工作者的研究成果。在编写过程中,吕达、史磊、黄昕霞、孔为伦等老师参与了部分工作,在此表示感谢。

由于作者水平有限,经验不足,缺点和错误在所难免,内容也有疏漏和不妥之处,希望读者给予批评、指正,以便进一步完善。

作 者

2014 年 3 月

目　录

前　言

绪　论 ··· (1)

第一篇　巢湖北部地区的地质特征 ······························ (3)

第一章　地理环境 ··· (3)

第二章　地　层 ··· (6)

第三章　构　造 ··· (26)

第四章　岩浆岩 ··· (32)

第五章　地质发展史 ··· (34)

第六章　矿产资源 ··· (38)

第七章　环境地质 ··· (43)

第八章　旅游地理 ··· (47)

第二篇　巢湖中庙—肥东四顶山一带地质特征及郯庐断裂带糜棱岩研究

··· (51)

第九章　地层岩石 ··· (51)

第十章　湖泊地质作用及环境地质 ··························· (61)

第十一章　郯庐断裂带糜棱岩情况 ··························· (64)

第三篇　区域地质调查工作方法 ··························· (67)

第十二章　区域地质调查工作程序 ··························· (67)

第十三章　地质测量(填图)方法 ····························· (74)

第十四章　岩石学研究方法 ································· (81)

第十五章　地层学研究方法 ································· (93)

第十六章　构造地质学研究方法 ····························· (101)

第十七章　地貌第四纪地质的研究方法 ······················· (111)

附　录 ··· (119)

附录一　踏勘线路参考 ······································· (119)

附录二　地质罗盘的使用方法 ································· (120)

附录三　地质图例 ··· (125)

附录四　地质图、地形图 ····································· (130)

附录五　图　版 ··· (132)

参考文献 ··· (134)

绪　论

一、实习目的

区域地质调查实习的目的是要培养学生理论联系实际,即将书本中的知识和课堂学习的知识和基本技能同野外各种地质现象相联系,提高学生分析和解决实际地质问题的能力,培养学生从事具体地质工作的技能,独立从事野外调查研究的能力。同时在实习过程中,培养学生吃苦耐劳、艰苦奋斗的工作作风,团结合作的集体意识,实事求是、科学严谨的工作态度。调动学生热爱地质事业的热情,探索自然奥妙的兴趣。

二、实习内容

野外实习,根据地质调查工作流程进行,可分为室内准备阶段、野外工作阶段和室内综合整理阶段。主要野外实习内容是:

(1)熟悉实习区地层层序、岩性、化石、含矿性、厚度和接触关系,并能简单地分析实习区岩相、古地理环境和古气候特征。

(2)能用肉眼熟练地识别实习区各种沉积岩(碎屑岩、黏土岩及生物和化学沉积岩)、岩浆岩、变质岩,并能掌握岩石(尤其是碎屑岩、碳酸盐岩)手标本的描述。

(3)认识实习区沉积岩中的主要原生构造(波痕、斜层理、缝合线、虫迹等),并能合理解释其成因。

(4)掌握褶皱和断裂等构造的野外研究方法与识别标志,认识实习区的构造特征。能根据实习区褶皱和断裂的组合特征,大致进行地质构造的几何学、运动学及动力学分析,追溯构造演化史。

(5)初步了解实习区地貌、第四纪地质、水文地质、工程地质、环境地质、旅游地质等特征。

(6)了解地层研究的基本方法,掌握直线法、导线法实测地层剖面以及绘制实测地层剖面图、综合地层柱状图。

(7)掌握野外原始地质编录方法,会画路线剖面图(或信手剖面图)和露头地质素描图。

(8)掌握实际材料图和地质图等主要图件的编制方法与绘图基本技能。

(9)掌握地质调查报告的编写内容、格式和要求。

三、时间安排及实习成果

(一)时间安排

教学大纲要求野外实习时间一般为 17 d。如下安排,供实习参考。

(1)室内准备阶段 1 d。

①实习动员及安全教育;

②介绍实习地区地质概况;

③学习实习大纲,明确实习内容和要求,准备有关资料和参考书;

④组队、划分实习小组,确定各组实习指导教师,制定学习纪律;

⑤准备和领取实习用品。

(2)野外工作阶段 12 d。

①野外路线地质踏勘 3 d;

②实测地层剖面(包括绘制地层剖面图、编写地层剖面说明书)2 d;

③地质测量填图 4 d;

④野外工作补课或专题研究 2 d;

⑤野外室内讲课(内容为工作方法和各阶段工作小结)1 d。

(3)室内综合整理和编写报告 4 d。

(二)实习成果

实习结束以后,上交下列实习成果:

(1)每人上交区域地质调查报告 1 份。

(2)每组上交实测地层剖面图 2 份,包括导线平面图、实测地层剖面图、综合地层柱状图、剖面说明书。

(3)每组上交 1/2.5 万实际材料图 1 张。

(4)每组上交 1/5 万地形地质图 2 张。

(5)每人上交野外地质记录本,其他原始记录。

四、考核方式

实习结束后,要及时认真地对学生的实习情况进行考核,记录成绩并归入学习成绩档案。

考核办法:除对学生的野外实习记录本、实习报告和相关图件进行评定外,还可以实习小组为单位,由指导老师主持,采用口试的方法。

考核内容包括三个方面:

(1)实习期间思想政治表现及学习态度。

(2)实习要求掌握的基础理论、基本技能和方法以及野外观测的主要地质现象。

(3)原始资料、文字报告和地质图件的评定。

第一篇 巢湖北部地区的地质特征

第一章 地理环境

一、实习区位置、交通、自然地理及经济地理概况

巢湖市位于安徽省中部、巢湖之滨,属于江淮丘陵区的南部。巢湖市现属于合肥市管辖,距合肥市中心城区约 70 km。实习区位于巢湖市区北部山区,其范围是东经 117°47′~117°54′,北纬 31°36′~31°42′。区内三面环山,南面紧邻巢湖。山脉走向为 35°~40°,平面图上呈"M"形延伸,主要由龟山、马家山、平顶山、朝阳山、碾盘山、凤凰山、大尖山、岠嶂山等组成。最高峰大尖山海拔高度 350 m,一般山区海拔高度 100~300 m,最低处狮子口海拔高度仅 20 m。实习区西南部的巢湖为我国五大淡水湖泊之一,东南为裕溪河冲击平原,地形平坦,水系发育,系属长江流域。最大的河流为裕溪河,是沟通省会合肥、巢湖与长江的水上通道。

实习区交通极为便利,淮南铁路贯穿境内,高等级公路四通八达(见图 1-1)。以巢湖市为中心,有干线联结合肥市、芜湖市、马鞍山市、江苏省南京市以及邻县庐江、无为、含山等地,乡村都有公路相通。水运以巢湖为中心,有水系常年通往合肥及长江沿岸各城镇。

巢湖市属于北亚热带湿润气候区。气候温和,四季分明,雨量适中,光照充分,热量条件较好,无霜期长,全年有 232~247 d。年平均气温为 15.7~16.1 ℃,最高可达 40 ℃,最低为 -7 ℃,年平均降水量 1 200 mm,一般为 1 000~1 158 mm。季节分布不均,春季(3~5月)占年降水量的 28%~32%,夏季(6~8月)占 38%~44%,秋季(9~11月)占 18%~19%,冬季(12月至次年2月)占 10%~11%,一年内 7 月降水最多,12 月最少。区内属于季风气候区,风向有明

图 1-1 实习区交通位置图

显的季节性变化,夏季以偏南风为主,冬季以偏北风为主。年平均风速 3.0~3.4 m/s,春季最大,为 3.4~3.7 m/s,秋季最小,为 2.6~3.2 m/s。

农产品以水稻、小麦为主,豆、薯次之。经济作物有棉、麻、茶叶、油菜、芝麻、花生等;水果有花红、桃、杏、石榴等;水产品有鱼、虾、河蟹等,尤以巢湖银鱼驰名中外,素有"鱼米之乡"的美称。

矿产有煤、白云石、化工石灰岩、熔剂石灰岩、水泥石灰岩、硅石、萤石、耐火黏土、陶用黏土和驰名省内外的半汤矿泉水等。

市内工业较发达,主要为水泥、化工、机械及轻工业等,规模较大的工厂有巢东水泥公司、皖维公司、巢湖柴油机厂、油泵油嘴厂、巢湖铸造厂、坦克修配厂等。

二、巢湖市北部地质调查简史

(1)1934 年,徐克勤曾在巢湖市北部地区做过 1:5 万地质调查,著有"安徽省巢县北部地质报告"。

(2)1953 年 4 月,安徽省地质局合肥市地质队李云祝,对该区曾做过 1:1 万泥盆纪铁矿普查,著有"安徽巢县凤凰山—岠嶂山铁矿评价报告"。

(3)1956 年 1 月,华东地质局巢县地质队曾做过 1:1 万煤田普查,著有"安徽含山、巢县、怀宁一带煤田普查报告"。

(4)1978 年,安徽省地质局区域地质调查队做过 1:20 万区域地质调查,著有"1:20 万合肥、定远幅区域地质调查报告"。

(5)1983 年,安徽省地矿局区域地质调查队做过 1:5 万区域地质调查,著有"1:5 万巢县幅区域地质调查报告"。

早在 20 世纪 50 年代,该区即辟为合肥工业大学地质系教学实习基地。多年来,广大师生在教学实践过程中有过不少重要发现,诸如巢北侏罗系的发现,猫耳洞附近洞穴堆积中大古脊椎动物化石的发现,青苔山推覆构造的发现,紫薇山塌陷地下暗河和紫薇洞的发现等,对深入研究该区的基础地质、环境地质和旅游地质工作,提供了可靠的基础资料。

　　从 20 世纪 50 年代合肥工业大学将巢湖地区建立地学实习基地开始,至 80 年代,区内先后有合肥工业大学、中国石油大学、南京大学、同济大学、浙江大学、中山大学、中国科技大学、中国矿业大学、华东师范大学等 30 余所院校来此实习。20 世纪 90 年代中期,合肥工业大学承担的安徽省教学研究项目——"地球科学专业群巢湖实习基地的建设"的研究和实施,提高了该地区地学科研程度,丰富了教学内容,积累了丰富的教学资料。2008 年,国家自然科学基金委员会对巢湖地学实习基地进行了专家论证,由南京大学、合肥工业大学、西北大学等联合进行实习基地建设,并于 2010 年由国家自然科学基金委员会正式挂牌,使巢湖市北区成为全国性的南方地学实习基地。

第二章 地 层

一、概述

实习区在地层区划上属扬子地层区、下扬子地层分区、六合—巢县地层小区、巢北沉积区。区内出露地层从老到新,分别为元古代震旦系、古生代寒武系、志留系、泥盆系、石炭系、二叠系,中生代三叠系、侏罗系,新生代第三系、第四系。巢湖市北部郊山区的地层,以古生界和中生代发育。区域地层见表2-1。巢北地层的发育特征阐明如下。

表2-1 巢湖地区综合地层简表

代	纪	世	组	代号	厚度(m)	岩性描述
新生代	第四纪	全新世	芜湖组	Q_{hw}	>10	上段:灰黄色粉质亚黏土,含砾粗砂,底为锈黄色铁锰层。
						中段:灰黄色粉质重亚黏土,棕褐色粗砂夹浅灰色粉质重亚黏土。
						下段:灰黄色粉质轻黏土,砂、砂砾
		更新世	下蜀组	Q_{px}	2~38	黄褐色含铁锰结核粉质轻黏土,下部含钙质结核
			泊岗组	Q_{pb}	1~51	浅棕红色微含砂粉质轻黏土,粉质重亚黏土,碎砾层,铁皮层山麓带青灰色含砾黏土夹砂、亚砂土透镜体
中生代	白垩纪	晚	宣南组	K_{2xn}	>845	上段:灰紫、砖红色中厚层砂砾岩与细粒岩屑、长石砂岩不等厚互层。
						下段:砖红色中厚层含砾长石岩屑、细粒岩夹泥质粉细砂岩
	侏罗纪	晚	毛坦厂组	J_{3m}	>151	紫灰色安山岩,粗安质火山角砾岩夹凝灰质岩屑细砂岩、粉砂岩
		早	磨山组	J_{1m}	>20	砖红色中厚层砂砾岩与细粒岩屑、长石砂岩

代	纪	世	组	代号	厚度（m）	岩性描述
中生代	三叠纪	中	东马鞍山组	T_{2d}	96	上部:灰黄色厚层状角砾状灰岩、泥质白云质灰岩。 下部:灰色薄—中层灰岩,灰紫色含石膏假晶灰质白云岩
		早	南陵湖组	T_{1n}	160	上部:薄层深灰色灰岩夹炭质页岩。 中段:灰绿色中薄层瘤状灰岩、厚层灰岩、钙质页岩。 下段:深灰色厚层灰岩微红色中薄层瘤状灰岩夹钙质泥岩
			和龙山组	T_{1h}	29	上部:灰色薄层灰岩夹黄绿色薄层似瘤状泥质灰岩、泥岩。 下部:灰绿色、紫色薄层似瘤状灰岩、钙质泥灰岩
			殷坑组	T_{1y}	125	上部:灰绿色钙质页岩夹薄层泥质灰岩及带状白云质灰岩。 中部:灰黄色粉砂质泥岩夹灰色中薄层泥似瘤状带灰岩。 下部:浅灰、黄绿色泥岩、含粉砂质泥岩夹似瘤状灰岩
古生代	二叠纪	晚	大隆组	P_{2d}	30	上部:灰黑色薄层硅质炭质泥岩夹灰质白云质泥岩。 中部:紫灰色泥岩灰黑色炭质页岩、硅质页岩。 下部:灰黑色薄层硅质岩、炭质硅质岩夹泥岩、页岩
			龙潭组	P_{2l}	74	上段:灰黑色粉砂岩、泥岩夹煤线,顶部灰黑色中厚层泥晶白云质灰岩。 下段:灰黄色中厚层细粒岩屑长石石英砂岩、泥岩夹黑色硅质岩
		早	孤峰组	P_{1g}	54	上部:浅紫、黄褐色薄层硅质泥岩。 中部:灰黑色薄层放射虫硅质岩。 下部:灰黄色粉砂岩、泥岩、页岩
			栖霞组	P_{1q}	209	上段:黑色中厚层含燧石团块含泥质灰岩、白云质灰岩。 下段:深灰色薄—中层状含沥青质臭灰岩及含生物碎屑灰岩,底部黄黑色碎屑岩夹劣质煤

代	纪	世	组	代号	厚度 (m)	岩性描述
古生代	石炭纪	晚	船山组	C_{3c}	11	上部:灰色中—厚层亮晶生物碎屑灰岩、球藻灰岩。 下部:黑色厚层微晶灰岩,底部灰黄色含褐铁矿团块灰岩
		中	黄龙组	C_{2h}	>27	上部:灰、紫红色厚层亮晶生物碎屑灰岩夹砂屑灰岩。 下部:浅灰、肉红色厚层状生物碎屑泥晶与亮晶灰岩
		早	和州组	C_{1h}	27	上部:灰、浅红色中—厚层亮晶生物碎屑灰岩,顶部炉渣状灰岩。 下部:灰黑色生物碎屑白云质灰岩、泥岩
			高骊山组	C_{1g}	25	上部:杂色砂质、粉砂质页岩,顶部灰白色石英砂岩。 中部:灰黄色钙质泥岩夹姜粒状灰岩,生物碎屑灰岩。 下部:灰黄色黏土岩,底部夹褐铁矿
			金陵组	C_{1j}	8	上部:灰黑色中厚层生物碎屑粉晶、微晶灰岩。 下部:灰黄色薄层含泥细砂岩
	泥盆纪	晚	五通组	D_{3w}	177	上段:灰黄、灰紫、灰白色薄层石英砂岩粉砂质泥岩、炭质页岩。 下段:灰白色中厚层状石英砂岩、含砾砂岩。底部中厚层状砾岩
	志留纪	中	坟头组	S_{2f}	>95	上部:杂色薄层粉砂岩、粉砂质泥岩、岩屑砂岩。 中部:黄绿色粉砂质泥岩、石英砂岩。 下部:黄绿色中层状石英细砂岩
		早	高家边组	S_{1g}	379	上段:黄绿色中薄层长石石英细砂岩。 中段:黄绿色页岩、薄层长石细砂岩。 下段:灰黑色页岩

代	纪	世	组	代号	厚度（m）	岩性描述
古生代	奥陶纪	晚	五峰组	O_{3w}	1	灰黑色硅质页岩
			汤头组	O_{3t}	3	灰黄色薄层微晶灰岩,底部钙质页岩夹泥灰岩透镜体
		中	宝塔组	O_{2b}	9	上部:灰绿色、灰红色微晶灰岩夹泥灰岩透镜体。下部:紫红色中薄层瘤状灰岩夹含生物碎屑泥晶灰岩
		早	牯牛潭组	O_{1g}	6	浅灰色生物碎屑微晶灰岩夹钙质页岩
			大湾组	O_{1d}	>3	灰色亮晶生物碎屑灰岩夹页岩,灰、黄绿色页岩
	寒武纪	中晚	山凹丁组	$\in_{2-3s}$	309	上段:蜂窝状细晶白云岩、硅质岩。下段:灰质白云岩、砂屑白云岩
		早	半汤组	$\in_{1b}$	156	上部:中厚层微晶白云岩、泥质白云岩。下部:白云质石英砂岩、藻泥岩、钙质页岩
			冷泉王组	$\in_{1l}$	105	深灰色中厚层粉晶白云岩夹硅质条带,底部含砾砂岩
元古代	震旦纪	晚	灯影组	Z_{2d}	290	上段:深灰、灰黑色微晶白云岩,含燧石条带、沥青质。下段:浅灰色微晶白云岩、微晶灰岩,夹泥质灰岩
			黄提组	Z_{2h}	708	上段:灰色重结晶灰岩泥灰岩夹变粉砂质泥岩、杂砂岩。下段:灰黄色中厚层变细砂岩、粉砂质千枚岩
		早	苏家湾组	Z_{1s}	650	灰绿、灰黄、灰白色含砾千枚岩夹石英岩
			周岗组	Z_{2z}	850	灰白、灰绿色变细粒砂岩、粉砂质千枚岩夹变含砾砂岩
	青白口蓟县长城纪	张八岭岩群	西冷岩组	Q_{nx}	视厚1 777	浅灰绿、灰白色绢云石英片岩,钠长石英片岩夹浅粒岩、变石英角斑质角砾岩、变凝灰岩、绿片岩
			北将军岩组	Pt_{2b}	视厚550	上岩段:浅灰、浅黄绿色千枚状白云片岩、绢云钠长千枚岩、底部铅灰色含炭质千枚岩。下岩段:灰白色中厚层微晶白云岩,含燧石团块微晶白云岩

代	纪	世	组	代号	厚度(m)	岩性描述
元古代	青白口蓟县长城纪	肥东岩群	桥头集岩组	Pt_{1q}	视厚 53	深灰色条纹状黑云斜长片麻岩、角闪斜长片麻岩夹黑云片岩、角闪片岩
			双山岩组	Pt_{1s}	视厚 42	浅灰红色大理岩、白云质大理岩夹斜长角闪岩、磷灰石透镜团块,底部夹石英岩
晚太古代		阚集岩群	大横山岩组	Ar_{2d}	视厚 508	上岩段:深灰色斜长角闪岩、角闪斜长片麻岩。中岩段:条纹状二云斜长片麻岩、石英片岩、磁铁石英岩。下岩段:黑色带状黑云斜长片麻岩、角闪岩、二长片麻岩
			浮槎山岩组	Ar_{2f}	视厚 369	灰黄色细粒二长片麻岩,上部夹斜长角闪岩、角闪斜长片麻岩。下部夹角闪黑云斜长片麻岩

二、地层

(一)震旦系

区内震旦系出露在青苔山,逆冲推覆于下志留统之上。仅有上震旦系灯影组(Z_{2d}),由于受断裂影响或掩盖,该组未见底。如本区北部之青苔山,灯影组可分为上、下两段,厚度 360.06 m。

下段厚约 291.49 m,以浅灰色白云岩为主,可分上、中、下三部分。下部含硅质条带、硅质结核,148.33 m,中部为厚层葡萄状(皮壳状)含凝块石含蓝藻泥晶白云岩(见图版Ⅰ-1,图 2-1)95.82 m,上部类硅质岩,白云石呈碎裂状,厚 47.34 m。其中中下部含微古植物原始光面球藻 *Protleiasphaerd: um sp.* 等以及核形石 *Osagia sp.*,葛万藻 *Girvanella sp.*,叠层石:贝加尔叠层石? *Baicalia? cf.* 等。

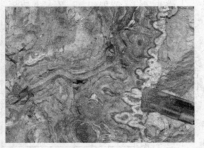

图 2-1　灯影组白云岩中葡萄状构造

上段为灰白、灰紫、灰黄色薄层微晶白云岩、条纹状白云岩及细晶鲕粒白云岩,底部为厚层钙质中细粒岩屑石英砂岩层,顶部掩盖,产微古植物化石原始光面球藻等,厚68.57 m。

（二）寒武系

寒武系主要分布在实习区外的半汤地区,以含镁碳酸盐为主,厚达570 m。由于近年来发现部分三叶虫化石,因而已将该地寒武系自上而下划分出下统冷泉王组、半汤组,中、上统山凹丁群,下、中统之间呈假整合接触。简介如下。

1. 下统

1）冷泉王组（$\in_{11}$）

冷泉王组以深灰色中层粉晶白云岩为主,厚104.9 m。中上部层内含2～10 cm厚的硅质条带,底部有一层厚约1 m的含砾砂岩。含葛万藻 *Girvanella sp.*,迭层石 *Collumnaefacle？ cf.*,以微古植物原始光球藻 *Protoleiosphaeridium sp.*,面球藻 *Trachysphaeridium sp.*。本组岩性与下状灯影组上段相似,不易划分。

2）半汤组（$\in_{1b}$）

半汤组以中厚层微晶—泥晶白云岩、泥质白云岩为主,厚156.12m。其下部为白云质石英砂岩及藻层泥岩、钙质页岩。以泥质成分多为特点。在钙质页岩中含策得利基虫 *Redlichia sp.*,昆明盾壳虫 *Kunmingaspis sp.*,奇蒂特虫 *Chittidlla sp.*。

2. 中、上统

山凹丁群（$\in_{2-3} sh^1$）按岩性特征可分为上、下两段。

1）上段（$\in_{2-3} sh^2$）

本段以呈溶蚀状（蜂窝状）的细晶白云岩及白云质硅质岩组成为特征,厚131.7 m。下部含硅质团块,上部夹硅质岩。

2）下段（$\in_{2-3} sh^1$）

本段以灰质白云岩、砂屑白云岩组成为主,厚177.99 m。下部颜色较浅,呈浅灰、灰色。底部有一层为1～10 cm的浅灰红色薄层杂基白云质细砾岩,砾石大小在0.2×1～2×3 cm,呈棱角状或次圆状,成分以微晶白云岩为主,含硅质岩,明显假整合于半汤组之上,上部颜色较深,含燧石团块。

（三）奥陶系

本区奥陶系出露不多,但见于实习区外的半汤一带。半汤汤山剖面:厚118.23 m,可以分为下、中、上三个部分。下部由细晶泥质白云岩组成,缺乏硅质团块为其特征。与山凹丁群呈连续沉积。曾在其中采获:垂叶角石 *Artiphylloceras*,可本角 *Proterocameroceras sp.* 等,为各地常见之早奥陶世早中期时代的产物。中、上部由含硅质结核、硅质条带白云岩组成,其中未发现化石。

（四）志留系

志留系在巢南与巢北都比较发育,常组成背斜的核部,在实习区出露于凤凰山背斜的核部。巢南、巢北的志留系沉积有明显差异,表现在巢北地区缺乏上统茅山组,而以中统坟头组直接与泥盆系五通组相接触。

1. 下统

1）高家边组（S_{1g}）

实习区高家边组出露不全,仅见高家边组之中上部。狮子口剖面大致可以分为三部分,下部厚 > 29 m,未见底,青灰色页岩夹薄到中层泥岩及黄绿薄层状页岩（见图 2-2）,产腕足类,舌形贝 *Lingula sp.* 及瓣鳃类,小福尔曼蛤 *Follmannella sp.*,隐拟瓢蛤 *Modiolopsis crypta*,后直蛤 *Orthonota sp.*,似票蛤 *Nuculana sp.*,全品螺 *Holopea sp.*,曲线螺 *Loxonema sp.* 等。中部厚 24 m,由黄绿色薄层泥质细砂岩组成,未见化石。上部 6.07 m,呈黄绿色薄层片状粉砂质泥岩夹黄绿色薄层泥质细砂岩石,有时可见垂直虫管。

图 2-2　狮子口高家边组上段粉砂岩和页岩

2）地层接触关系

高家边组与下伏奥陶系地层在大部分地区呈假整合接触,与上覆中志留统坟头组为连续沉积的整合接触。

2. 中统

1）坟头组（S_{2f}）

区内都较发育,化石丰富。可以分为上、中、下三部分,总厚大于 200 m（见图 2-3）。

下部:黄绿色局部呈浅紫色中薄—中厚层石英细砂岩及含泥质砾石石英砂岩。砂岩中具交错层理（见图版 II-1）,厚 148 m 左右。其中所含化石有鱼类,

中华棘鱼 *Sinacanthus sp.*，皖中新亚洲棘鱼 *Neoasinacanthus wanzhongenis Xia Wang aet Chen*，阔翅类 *Eurypteida*；三叶虫：王冠虫 *Coronacaphaluo sp.*（见图版 Ⅱ-2），凯里虫 *Kailia sp.*，腕足类，舌形贝 *Lingulo* 及瓣鳃类，后直蛏 *Orthonota sp.*，陷瓢形蛤 *Madiomorpha Crypta Grabau*，圆线螺，肋脐螺，圆脐螺等。

中部：黄绿色薄层粉砂质泥岩与石英砂岩呈互层。层内波痕、交错层理都较发育，厚38.31 m。含中华棘鱼 *Sinacanthus sp.*；霸王皇冠虫 *Coronocaphalus rex Grabau*，慧星虫 *Encrinurus sp.*，伸长纳里夫金贝 *Nalivkinia elongato*（*Wong*），纳里夹金贝 *N. sp.*，丁氏始石燕 *Eospirfer tingi Grabua*，湖北条纹石燕 *Strisipirifer hubeiensis Zeng*，尖褶条纹石燕 *Sacuminiplicatus Rong ct Yong*，沿边后直蛏 *Orthonota Perlata Barrande*，拟瓢蛤 *Modiolopsis sp.*，金口螺 *Holopea sp.*，房螺 *Hormotoma sp.*。

上部：以紫红、灰紫红、灰绿等杂色薄层泥岩、粉砂质泥岩组成，厚2.63 m。该段地层在巢湖南部地区缺失，巢湖北部地区断续可见，如万家山较发育而狮子口处则不见。

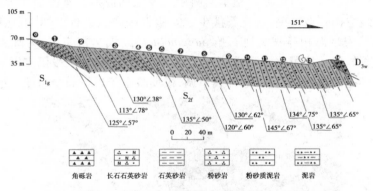

图2-3　狮子口路东坟头组（S_{2f}）地层剖面（南京大学）

2）地层接触关系

坟头组与下伏地层下志留统高家边组为连续沉积的整合接触，与上覆地层上泥盆统五通组存在沉积间断，为假整合接触。

（五）泥盆系

上统：

（1）五通组（D_{3w}）（见图2-4）。

区内泥盆系分布广泛，但仅有上统五通组。根据岩性组合特征，可明显分为上、下两段。巢湖市北狮子口处剖面最为良好，其岩性可分为上、下两段。

下段（D_{3w}^{1}）：石英砂岩段，厚73.18 m。下部由灰白色厚层或中厚层砾岩、砂砾岩、含砾石英砂岩组成（见图2-5）。石英砂岩与含砾石英砂岩组成韵律旋

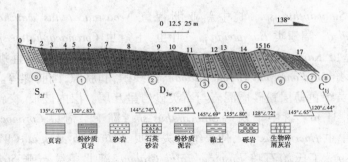

图 2-4 7410 工厂门口凤凰山北坡五通组地层剖面图(南京大学)

回。砾石成分以石英、燧石(见图版Ⅰ-2)为主,也含有细砂岩、粉砂岩、条带硅质岩等成分。砾径不同地点变化较大,一般为 2~5 cm,个别达 8 cm 以上。呈半圆到棱角状。沿底部砾岩层追索,砾石分布极不均一,似呈瓣状砾石透统体状分布。上部厚层至中厚层,硅质胶结,中粒或中细粒石英砂岩夹少数泥质粉砂岩、泥岩层。石英砂岩中时可见大型单向斜理层及层面波痕。本段由于岩性坚硬,在区内多组成山脊或陡壁,含化石甚少。安徽省区调队进行 1∶20 万区调时,在邻区(泥岩)发现海相瓣鳃类血石蛤 *Sanginolites sp.* 大量富集,认为砾岩段应属滨海相沉积。但从该段整体组成、岩石结构构造特征分析,该段仍应以河流相为主。虽有广盐性瓣鳃类出现,但种属单调,仅反映由于近岸而受短期海泛所致。

图 2-5 五通组底部砂砾岩

上段(D_{3w}^2):上段为灰白、灰黄色薄—中薄层细粒石英砂岩与灰白、黄绿、棕红薄层杂色粉砂质泥岩、泥岩、含炭质泥岩互层。其上部夹有 2~5 层耐火黏土,偶夹 1~3 层磁铁矿及厚度不等的劣煤层(1 m 至数厘米),同时夹厚—中厚层灰白色石英细砂岩。化石主要有薄皮木(*Leptophloeum*)、亚鳞木(*Sublepidendron*)等植物化石及叶肢介化石,如图 2-6、图 2-7 所示。

(2)地层接触关系。

上统五通组与下伏地层中志留统坟头组本区为假整合接触,与上覆地层下

图2-6　斜方薄皮木　　　　　　图2-7　汤山亚鳞木

石炭统金陵组为假整合接触。

（六）石炭系

本区石炭系厚度不大，但发育齐全，分上、下两统。下统包括金陵组、高骊山组、和州组，老虎洞组巢北缺失，仅在巢南发育。上统包括黄龙组、船山组。除高骊山组为碎屑岩外，其余皆为碳酸盐沉积。凤凰山东坡石炭系实测地层剖面图见图2-8。

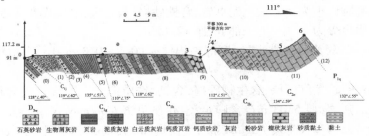

图2-8　凤凰山东坡石炭系实测地层剖面图（南京大学）

1. 下统

1）金陵组（C_{1j}）

以凤凰山东风石料矿剖面为例，可分为上、下两部分，厚7.68 m。

下部：灰黄色薄层含泥细砂岩或含铁砂岩，厚1～10 cm。含腕足类：褶房贝 *Ptychomarotoechia sp.*，元窗贝？*Athyris sp.* 等。

上部：深灰黑色中厚层生物碎屑粉晶、微晶灰岩。化石丰富，如珊瑚（见图版Ⅱ-3、图2-9）有：假乌拉珊瑚 *Pseucouralinia sp.*，笛管珊瑚 *Syringopora sp.*，贵州管珊瑚 *Kueichowpora sp.*，犬齿珊瑚？*Caninia? sp.* 等；腕足类有：擂彭台始分喙石燕 *Eochoristites neipentaiensis Chu*，李氏始分喙石燕 *E*，*leei chu*，褶房贝 *Ptychomaro-toechia sp.*，金陵褶房贝 *P. Kinlingensis*，托米长身贝 *Tomipruductuo sp.*，波斯通贝 *Burtonia sp.*，戟贝 *Chonetes sp.* 等；牙形刺有：多鄂刺 *Polyghathus sp.*，新锯齿刺 *Neoprioniodus sp.*，残缺管刺 *Siphonodello sp.*，高鄂刺 *Elictognathus sp.* 等。认为金

· 15 ·

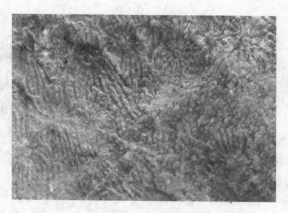

图 2-9　平顶山金陵组中的珊瑚化石

陵组中灰岩部分在区内分布不稳定呈透镜状断续出现,无灰岩之处碎屑岩则中厚,本区金陵组与五通统为假整合关系。

2)高骊山组(C_{1g})

本区高骊山组为一套杂色泥页岩、含铁砂岩、灰岩沉积(见图版 I -3)。凤凰山剖面本组可分为上、中、下三部分,厚 12. 15 m。

下部:灰、灰黄薄层黏土岩,底部夹褐铁矿(0. 1~0. 3 m)层,含植物化石碎片,厚 3. 36 m。

中部:灰黄、紫红薄层,含生物碎屑,含钙、铁质泥岩夹姜块状灰岩和中薄层含生物碎屑灰岩,厚 5. 03 m。含腕足类:轮刺贝 *Echinoconchus sp.* ,瘤凸轮刺贝 *Epunctaformis* ,狮鼻长身贝 *Pugilus sp.* ,无窗贝 *Afhyris sp.* ,褶房贝? *Ptychomarotoechia? sp.* ,舒克贝 *Schuchertella sp.* ,等;珊瑚:中国拟棚珊瑚 *Arachnolasma sinense cyabe at Hayasake*),石柱珊瑚 *Lifhostrotion sp.* ,顶饰珊瑚 *Lophophyllum sp.* ,棚珊瑚 *D:bumophyllum* ,蛛网珊瑚 *Clisiophyllum sp.* 等;瓣鳃类:环海扇 *Annulicocha sp.* ,燕海扇 *Aviculopectri sp.* ,古裂齿蛤 *Eoschizoduo sp.* ,血石蛤 *Songuinolites sp.* ,及菲利普虫? *Phillipsia? sp.* 等。

上部:灰黄、黄褐色含铁质细粒石英砂岩及灰白色石英砂岩。层内虫迹构造发育,自下而上,自成一水平管迹、V－Y形管迹、似甲壳状管迹的组合,厚 4. 25 m。

巢湖北部地区自西往东明显变薄(岠嶂山厚 6. 1 m),而且下部见豆状赤铁矿层,中部变为钙质页岩。以往认为高骊山组是陆相—海陆交互相沉积,近年来,由于海生古物不断发现,因此除底部为海陆交互相外,往上已渐为汪海—滨岸环境。

3)和州组(C_{1h})

巢湖北部地区的和州组以岠嶂山剖面较为完整,按岩性特征可分为上、下两部分,厚 26.81 m。

图 2-10 凤凰山东坡和州组顶部炉渣状灰岩

下部:深灰、灰黑色中薄至厚层生物碎屑白云质灰岩、泥质类岩,厚 22.53 m。含蜓:始史塔夫蜓 *Eostaffella sp.*,和县始史塔蜓 *Ehohsienca Chang*,小泽蜓状始塔夫蜓 *Eozaweinellaeformis Chang* 等;珊瑚:石柱珊瑚 *Lifhostrotion sp.*,亚洲石柱珊瑚 *Lasiaticum(y. eT. H)*,玫瑰石柱珊瑚(比较种)*L. ef. rossicum(stuekenberg)*,笛管珊瑚 *Syringopora sp.*,轮状轴管珊瑚(比较种)*Aulina et. rotiformis Smilh*,拟棚珊瑚 *Arochmolasma sp.*,袁氏珊瑚 *Yuonophyllum sp.* 等;腕足类:大长身贝 *Gigantoproductus sp.*,围背贝 *Marginifera sp.* 等以及牙形刺。

上部:灰、微带肉红色中厚层至厚层亮晶及微晶生物碎屑灰岩,底部为粗结晶灰岩,顶部为炉渣状灰岩(微晶灰岩中嵌有大大小小的黄绿色钙质泥岩,泥质成分风化流失后,形成姜状或炉渣状凸于地表),厚 4.28 m。含:始史塔夫蜓 *Eostaffella sp.*,和县史干革塔夫蜓(比较种)*E. cf hohsienica Chang*,珊瑚:石柱珊瑚 *Lifhostrotion sp.*,轴管珊瑚 *Aulina sp.*(见图 2-10)。

2. 上统

1)黄龙组(C_{2h})

黄龙组在长江沿岸一带一般由三部分组成,即浅、微红纯灰岩,粗晶灰岩(有人称砾晶灰岩),白云岩。按照岩性特征对此,巢北地区黄龙组仅存纯灰岩段,见纯灰岩段直接覆于炉渣状灰岩之上。巢南地区则有粗晶灰岩存在。

巢湖北部地区黄龙组以金银洞北至岠嶂山一带剖面较好,另外在凤凰山东风石料矿也相当完善。可见到黄龙组纯灰岩段直接覆于和州组上部炉渣状灰岩之上。灰岩段可分为上、下两部分,厚 27.24 m。

下部:灰、深灰、肉红色中厚至厚层生物碎屑泥晶与微晶灰岩。厚 16.74 m。含蜓:原小纺缍蜓 *Profueulinella sp.*,旋转原小纺缍蜓 *P. convoluta(Lee et chen)*,卵形原小纺缍蜓 *P. ouato Rauser*,小原小纺缍蜓 *P. Porva(Lee et Chen)*,假薄克氏

小纺锤蜓 *P. Pseudobccki*（*Lee et Chen*），太子何蜓 *Taitzehoella sp.* 等；珊瑚：刺毛虫 *Chaetes sp.*，多壁管珊瑚 *Multithecopora sp.*，小石柱珊瑚 *Lifhostrotionella sp.*，副文采尔珊瑚 *Porawentzellophyllum sp.*；腕足类：分喙石燕 *Choristites sp.*，围脊贝 *Morginifero sp.*，线纹长身贝 *Linoproductus sp.* 等。

上部：灰、紫红色厚层亮晶生物碎屑灰岩夹砂屑灰岩，厚 10.50 m。含蜓：除多种小纺锤蜓外 *Fusulinella sp.*，出现纺锤蜓 *Fueulina sp.*，蚂蚁比德蜓 *Beedeina mayiensis*（*Sheng*）等；腕足类：蟹状蟹形贝 *Cancrinella caneriniformis*（*Tscherny-schew*），石炭皱戟贝 *Rugosochonetes carbonifera*，分喙石燕 *Choristites sp.*，以及小石柱珊瑚 *Lifhostrotionello sp.*，泡沫粒珊瑚 *Thysonophyllum sp.*，刺毛虫 *Chaefetefos sp.* 等。

本组岩性、厚度较为稳定，各处大体相近。在东风石料矿处黄龙组灰岩可见某些特殊组构，如底部呈韵律层状，中部见交错层，含泥晶灰岩，上部藻席灰岩与生物砾块灰岩互层等特征，表明黄龙组沉积时受过较强的水动力作用，属淡水台地环境。本组与下伏和州组呈明显间断。

2）船山组（C_{2c}）

本组岩性以含球藻灰岩为特征（见图版Ⅰ-4），厚 8.26 m。在巢湖北部岠嶂山一带可分为两部分。

下部：黑色厚层微晶灰岩，底部有一层灰黄色含褐铁矿团块泥岩。厚 1 m多，含：石炭皱戟贝 *Rugosochonetes carbonifera*，舒克贝 *Schuchertella sp.*，泥岩中含植物碎片化石。

上部：灰、深灰色中厚至厚层状，亮晶生物碎屑球藻灰岩，夹灰色泥晶生物碎屑灰岩。含蜓：始拟纺锤蜓 *Eoprofuaulina sp.*，希瓦格蜓 *Schwagerina sp.*；腕足类：网格长身贝 *Dietyom closfuo sp.*，纹窗贝 *Phricodothyris sp.* 等。其他地区找到麦粒蜓 *Trificifes sp.* 等多种化石。

在凤凰山东风石矿，船山组下部夹同生砾状灰岩。与南京地区相比，缺失上部假希氏蜓带 *Pseudoschwegerina sp.*。与下伏黄龙组为假整合接触。

（七）二叠系

巢湖北部地区的二叠系分布在马家山及俞府大村一带，由下统栖霞组、孤峰组、银屏组，上统龙潭组、大隆组组成。总厚 288.41～487.84 m。二叠系（部分）实测剖面见图 2-11。

1．下统

1）栖霞组（P_{1g}）

按巢湖市北部北平顶山剖面，自下而上可分为两段六部分。

（1）下段。

下段厚 61.60 m,可分为两部分。

下部:碎屑岩夹劣质煤(图版Ⅰ-5),平顶山剖面碎屑岩风化为土黄色风化物。该部分岩性变化较大,在岠嶂山一带为深灰色、灰黄色钙质透镜体泥岩,厚 0.25 m,向西到东风石矿为灰黑色页岩及黑色劣质煤层,厚 0.75 m,与下伏船山组呈凹凸不平的假整合面。

上部(臭灰岩层):深灰、灰黑色薄至中层含沥青质臭灰岩及含生物碎屑泥灰岩,厚 60.60 m。含:米斯蜓 *Misellina sp.*,喀劳得氏米斯蜓 *Micllina sp.*,南京蜓 *Nankinella sp.*,原米氏珊瑚 *Protomichelinin sp.*,泡沫米氏珊瑚:*Cystomichelinia sp.*,服尔草氏拟文采尔珊瑚 *Wentzellophyllum volz(yabe et. Hayasaka)*,多壁珊瑚 *Polythecalis sp.*,线纹长身贝 *Linoproductuo sp.*,直房贝 *Onfhofichia sp.* 等。

(2)上段。

上段厚 109.4 m,可分为四部分。

下部(下硅质层)(见图版Ⅰ-6):含燧石结核或团块灰岩,黑、灰黑色灰岩,夹黑色薄燧石层及生物碎屑粉砂质泥岩,厚 8.74 m。含:早坂珊瑚 *Hayasakaia sp.*,泡沫米氏珊瑚 *Cystomichelinia sp.*,亚曾珊瑚 *Yatsengia sp.*,神螺 *Belleropyon sp.* 等。

中部(合燧石结核灰岩层):深灰、灰黑中薄到中层含燧结核灰岩,夹黑色薄层含沥青质泥类岩,厚 78.14 m。含:南京蜓 *Nankinella sp.*,栖霞希瓦格蜓 *Schwagerina chihsiaensis(Lee)*,球蜓 *Sphaerulina sp.*,豆蜓 *Pisolina sp.*,早坂珊瑚 *Hayasakaia sp.*,多壁珊瑚 *Polythecalis sp.*,(多种)拟方管珊瑚 *Tefraporinus sp.*,米森珊瑚 *Chusenophyllum sp.*,马丁贝 *Martinia sp.*,轮皱贝 *Plicatifera sp.* 及大量有孔虫化石。

上部(上硅质层):黑色中薄层硅质岩、深灰色含燧结核白云质灰岩及薄板状硅质灰岩互层,厚 7.66 m。含:拟纺缍蜓 *Parafusulina sp.*,希瓦格蜓 *Schwagerina sp.*,米森珊瑚 *Chusenophyllum sp.*,多壁珊瑚 *Polythecalis sp.* 等。

顶部(顶部灰岩层):灰、深灰色含燧石结核灰岩、白云岩质灰岩,厚 14.86 m。含:拟纺缍蜓 *Parafusulina sp.*,奇壁珊瑚 *Allotropiophyllum sp.* 等。

上述剖面自下段上部起至上段顶部各地发育都较稳定,但其厚度在巢南地区大于巢北地区。本区以拟纺缍蜓带或米森珊瑚带的顶界为栖霞组的顶界。

2)孤峰组(P$_{1g}$)

孤峰组由薄层黑色硅质岩及薄层棕、褐、紫等色泥岩组成,巢北地区该组厚度一般在 30 m 左右。如平顶山西侧姚家山剖面可分为三部分。

下部:灰黄、浅棕、褐色泥岩、页岩,含有磷结核(P$_2$O$_5$ 含量可达 10.64%),厚 2.52 m。含:阿尔各菊石 *Alfudoceras sp.*,拟腹菊石 *Paragasfrioceras sp.*(见图

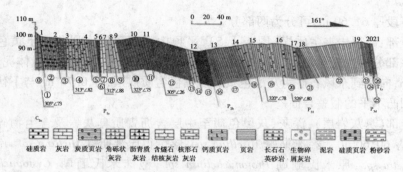

图 2-11 平顶山西二叠系实测地层剖面(南京大学)

版Ⅱ-4)。新轮皱贝 *Neoplicafifera sp.*，华夏贝 *Cafhaysia sp.*，细戟贝 *Tonuichonetes sp.* 等。

中部:灰黑色、黑色薄层放射虫硅质岩夹紫色泥岩及页岩互层,厚 17.29 m。含:斯塔菊石? *Sfacheoceras? sp.*;卵石蛤 *Edmoudia sp.*，燕海扇 *Aviculopecten sp.*;龙潭腹窗贝 *Crurithyris longtanica*,马丁贝 *Martinia sp.*。

上部:浅紫、紫、黄褐色薄层泥岩夹少量放射虫硅质岩,厚 8.47 m。含:斯塔菊石、阿尔各菊虫、付色尔特菊石 *Paracelfites sp.*,鸟兽希腾贝 *Urushtenia sp.* 等。

其底部与栖霞组界面凹凸不平,其上含有 10～20 cm 的含砾泥质松散物,为假整合接触。近年来,在硅质岩中发现放射虫化石,说明孤峰组应为浅海盆地中较深水环境的硅质岩沉积。在巢南地区沉积较厚,可达 50～60 m。

2. 上统

1)龙潭组(P_{21})

本组底部为灰黄色、厚层含砾粗粒石英砂岩,龙潭阶上界是以阿拉斯菊石科分布的上限为顶界,本区龙潭组中未发现过晚二叠早期菊石,以龙潭组富含腕足类的灰岩及砂岩为顶。

龙潭组为一套滨岸沼泽相的含煤沉积,厚约 60 m,可以分为三部分。

下部:灰黄、青灰色中厚层细粒岩屑长石英砂岩及含砾砂岩,夹黑色薄层泥岩。含单网羊齿 *Gigantonoclea sp.*,焦羊齿 *Compsopteris sp.*,栉羊齿 *Pecopteris sp.*,羽杉 *Wolchia sp.* 等植物化石。

上部:青灰、灰黑、灰黄色薄层泥岩、粉砂质泥岩、粉砂岩,夹煤线,产焦羊齿 *Compsopteris sp.*,楔羊齿 *Sphenopferis sp.*,斜羽叶? *Plagiozamites ? sp.* 等。

顶部:灰黑色中厚层泥晶白云质生物碎屑灰岩,含燧石团块及条带,产刺围脊贝 *Spinomarginifera sp.*,疹石燕 *Punctospirifer sp.*,古尼罗蛤? *Palaeoneilo sp.* 等腕足类。

龙潭组在巢湖北部地区主要分布在俞府大村向斜核部炭井村一带及平顶山

向斜平顶山四周,但掩盖较多,剖面不全,但三部分划分可以分得出来。区内顶部灰岩呈透镜状,与大隆组硅质岩沉积易于划分。

2)大隆组(P_2d)

本组岩性较稳定,以灰黑色薄层硅质岩、炭质硅质岩及紫色泥岩、炭质页岩、硅质页岩为主(见图版Ⅰ-7),化石较丰富,厚约30 m。大致可以分为三部分。

下部:灰黑色薄层硅质岩、炭质硅质岩夹紫色页岩、炭质页岩,底部有一薄层灰黄色细粒岩屑砂岩(火山岩屑),厚5.16 m。产:阿拉斯菊石科 *Araxocerafidae*,三面菊石 *Sanyongifes sp.*,安德生菊石 *Anderssonoceras sp.*,华南菊石 *Huanonoceras sp.*,假腹菊石 *Pseudogastrioceras sp.* 及华夏贝 *Cafhaysia sp.*,似马丁贝 *Martiniopsis sp.* 等。

中部:紫灰色泥岩夹深灰、灰黑色炭质页岩、硅质页岩,厚15.63 m。产:华菊石、三阳菊石、假腹菊石及腹窗贝 *Crurifhyris sp.*,折边贝 *Paryphlla sp.* 等。

上部:灰黑色薄层硅质炭质泥岩,近顶部夹灰质白云质泥灰岩,厚8~24 m。产:假提罗菊石 *Pseudofirolites sp.*,肋瘤菊石 *Pleuronodoceras sp.*,假腹菊石 *Pseudogastrioceras sp.*,大巴山菊石 *Toposhanfes sp.* 等,以及腹窗贝、华夏贝、围脊贝等大量腕足类化石。

大隆组的沉积,反映自龙潭期后期至长兴期,本区处于一较深水低能环境的浅海盆地所沉积的一套远硅质建造。

近年来研究发现:大隆组可分为上、下两部分。下部以安德生菊石科 *Anderssonoceratidae* 及阿拉斯菊石科 *Araxoceratidae* 为主,上部以假提罗菊石科、肋瘤菊石科、大巴山菊石科为主,代表菊石的不同演化阶段。

(八)三叠系

巢湖北部地区三叠系主要发育在平顶山向斜核部平顶山—马家山—阴都山一带。以马家山剖面为代表,见图2-12。

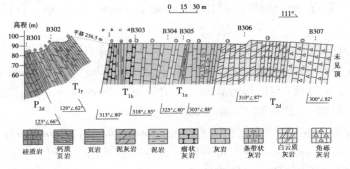

图2-12 合—巢公路旁三叠系实测地层剖面(南京大学)

1. 下统

1) 殷坑组（T_{1y}）

本组曾经作为全球下三叠统印度—奥伦克阶界线层型剖面首选，即"金钉子"。从 2000～2005 年由中国地质大学童金南教授等开始研究，取得了一系列地层学研究成果（见图版Ⅰ-8、图 2-13）。

图 2-13 平顶山殷坑组钙质泥岩及泥灰岩

本组厚 83.76 m，可分为上、中、下三部分。

下部：浅灰绿、黄绿色泥岩、含粉砂质泥岩，夹薄层泥灰岩，下部泥岩中局部含钙质结核或似瘤状灰岩。底部为厚约 1 cm 的黄色泥岩。厚 22.76 m。产：蛇菊石 *Ophiceras sp.*，弛蛇菊石 *Lytophiceras sp.*，克氏蛤 *Claraia sp.*，海浪蛤 *Posidonia sp.* 以及牙形刺、近鄂刺 *Anchignathodus sp.* 等。近底部 20 cm 的黄绿色钙质泥岩，为二叠－三叠系过渡层。其中产：弛蛇菊石 *Lytophiceras sp.*，微戟贝 *Chonetinella sp.*，折边贝 *Paryphella sp.*，次扭月形微戟贝 *Chonetinella substrophomenides Huang* 等。

中部：灰黄色粉砂质泥岩夹灰色中薄层泥质条带灰岩或似瘤状灰岩。厚 22 m。含：齿叶菊石 *Prionolobus sp.*，第纳尔菊石 *Dieneroceras sp.*，克氏蛤 *Claraia sp.*，等。

上部：灰绿色钙质页岩夹薄层泥质灰岩及薄层条带白云质灰岩。厚 39 m。产：佛莱明菊石 *Flemingites sp.*，齿叶菊石 *Prionolodus sp.*，假胃菊石 *Pseudosageceras sp.*，米克菊石 *Meekoceras sp.*，第纳尔菊石 *Dieneroceras sp.*，克氏蛤 *Claraia sp.*，及牙形刺、新欣德刺 *Neohindcodella sp.* 等。

所含菊石，自上而下可分为三个带：*Flemingites* 带，*Prionolobus－Gyronites* 带，*Ophiceras－Lytophiceros* 带。可分别与前各带相对比。值得注意的是，自下带至中带，出现二叠纪型腕足类：腹窗贝（*Crurithyris sp.*）等化石，厚约 15 m，为下扬子区较厚的二叠－三叠系混生生物过渡层。

2）和龙山组（T_{1h}）

马家山剖面本组厚约 21.24 m。可分为上、下两部分。

下部：灰黄绿、棕紫色薄层似瘤状灰岩与钙质泥岩层，近上部泥质灰岩厚 9.34 m。产：第纳尔菊石 *Dieneroceras sp.*，海浪蛤 *Posidonia sp.* 及牙形刺。

上部：灰色薄层灰岩夹黄绿色薄层似瘤状泥质灰岩及泥岩。厚 11.9 m。产：似西伯利亚菊石 *Anasibirites sp.*，米克菊石 *Meekoceras sp.*，假胄菊石 *Pseudosageceras sp.* 等。

由于 *Anasibirites* 在本区仅在本组顶部采得，故其下部与殷坑组分界处有明显生物标志。

3）南陵湖组（T_{1n}）

巢湖北部地区马家山剖面本组厚 159.53 m，可分为上、中、下三段。

（1）下段。

下段为厚层灰岩段，厚 48.61 m。

下部：以瘤状灰岩为主，由灰绿、微红色中薄层瘤状灰岩夹深灰色灰岩组成。厚 12.95 m。产：假胄菊石 *Pseudosageceras sp.*，北方蛇菊石 *Nordophiceras sp.*，提罗菊石 *Tirolifes sp.*，狄那菊石 *Dinarifes sp.*，哥伦布菊石 *Columbifes sp.* 等，以及大量牙形刺化石。

上部：以厚层灰岩为主，由灰、深灰色厚层灰岩夹黄色中薄层瘤状灰岩及钙质泥岩、同生砾状灰岩组成。厚 35.66 m。产：哥伦布菊石 *Columbifes sp.*，希腊菊石？*Hellenifes？sp.*，光叶菊石 *Leiophyllifes sp.*，海浪蛤 *Posidonia sp.*，以及牙形刺化石等。

（2）中段。

中段为瘤状灰岩段，厚 46.79 m。可分为上、中、下三部分。

下部：以紫红色瘤状灰岩为主，由紫红色中薄层瘤状灰岩、泥灰岩夹中薄层灰岩组成，厚 16.39 m。产：哥伦布菊石 *Columbifes sp.*，亚哥伦布菊石 *Subcolumbifes sp.*，拟厚褶菊石 *Propfychifoides sp.*，光叶菊石 *Leiophyllifes sp.*，类褶蛤？*Heminajas？sp.* 及牙形刺化石。

中部：以厚层灰岩为主，由灰、深灰色中厚层灰岩夹紫红、灰绿色瘤状灰岩及钙质页岩组成，厚 17.94 m。产：海浪蛤 *Posidonia sp.*，及多种牙形刺化石。

上部：以灰绿色瘤状灰岩为主，由灰绿色中薄层瘤状灰岩夹杂色泥岩及深灰色薄层灰岩，厚 12.46 m。产：假色尔特菊石 *Pseudoceffifes sp.*，克氏蛤 *Claraia sp.*，海浪蛤 *Posidonia sp.*，正海扇 *Eumorphofis sp.*，以及牙形刺化石。

（3）上段。

上段为薄层黑色灰岩段，厚 64.13 m，可分为上、下两部分。

下部:由深灰色薄层灰岩夹黄绿色钙质页岩,厚 26.03 m。产:亚哥伦布菊石 *Subcolumbifes sp.*,巢湖龙 *Chaohusaurus sp.*,小巧马家山龙(新种) *Maijeshan-saurus faciles chen*(*gen. et. sp. nov*);裂齿鱼目 *Perleidiformes fem. et gen indet* 等,以及王氏克氏蛤 *Claraia wang*(*Paffe*),海浪蛤 *Posidonia sp.*,正海扇 *Eumorphofis sp.* 以及牙形刺化石。

上部:以黑色灰岩夹炭质页岩为主,由深灰、黑色薄层灰岩夹沥素质页岩、棕色钙质页岩组成,顶部有时含燧石结核,厚 38.10 m。产:克氏蛤 *Claraia sp.*,乐山克氏蛤 *C. ef. hsueiKu*,拟克氏蛤 *Periclaraia sp.*,网纹拟克氏蛤 *P. reticulata liet Ding* 等。

从上述菊石看,可建立下列两个菊石带(自上而下),即 *Subcolumbifes* 带,*Tirolifes – columbifes* 带。

经岩相分析,殷坑组和龙山组可能属陆棚潮下较深低能环境,而南陵湖组属开阔台地潮下浅水低能环境,但巢北地区地层厚度比巢南地区要小。

2. 中统

东马鞍山组(T_{2d}):

本组创名于怀宁月山,代表青龙群顶部白云岩和含膏、盐白云岩(盐溶角砾岩)段。本区曾称为月山组。巢湖北部马家山剖面本组厚度大于 95.84 m,根据岩性特征可以分为上、下两部分。

下部:灰、深灰色薄、中层灰岩,底部为灰、浅紫红色含石膏假晶灰质白云岩,厚 12.65 m。含牙形刺。

上部:灰、灰黄厚层至块状角砾岩状灰岩及泥质灰岩、泥质白云质灰岩。厚度大于 83.19 m。

本组可能属蒸发台地潮上低能沉积环境。其底界以出现含鸟眼构造的白云岩为界。由于化石稀少,仅采获少量牙形刺化石,因此仅依据岩性及层序与怀宁地区对比而确定。

（九）侏罗系

下侏罗统磨山组(J_{1m}),出露较少,巢湖北部地区仅零星见于俞府大村向斜南部,如东侧小山村附近,西侧九棵松—铸造厂—变电所一带。前者仅发育底部灰白色砾岩层及部分灰黄、黄褐色中至薄层长石石英砂岩夹细砂岩薄层,曾采到过 *Nilssonia sp.*,*Podozamifes sp.* 等植物化石,不整合覆于二叠系栖霞灰岩之上。而后者底部砾岩夹中粗粒灰黄、浅灰色长石石英砂岩,不整合于五通组之上。其上部逐渐出现黄绿、紫红色等细砂岩、粉砂岩、页岩及薄层细砂岩互层。近下部泥质细砂岩中曾采到大量植物化石,如 *Nilssonia sp.*,*Podozamifes sp.*,*Ginkgoites sp.*,*Sphenobuiera sp.* 等,证明属下、中侏罗系,相当原象山群的中下部。

近年来,在桐城、怀宁一带象山群被作了进一步的划分,下部称磨山组（J_{1m}）,上部称罗岭组（J_{2l}）。本区零星露头仅相当于磨山组的一部分。而侏罗系上统毛坦厂组（J_{3m}）仅在巢县城关卧牛山有出露,以粗安质沉火山角砾岩夹凝灰质岩屑细砂岩、粉砂岩等组成。

下伏情况不明,其上可能为上白垩统红色砂、砾岩沉积（宣南组）所不整合。

（十）第四系

第四系沉积在巢湖市地区覆盖了一定的面积,沉积类型较多为:早更新世的残积与冲积,中更新世的冰川、冰水堆积,晚更新世的冲积物以及全新世的冲积与湖积类型,其中尤以早—中更新世的洞穴堆积更为重要。近年来,在巢北地区的猫耳洞、巢南地区的银小村后山坡皆发现重要的动物群化石,对确定时代及了解第四世早、中期下扬子区古生态、古气候、古地理具有重要意义。

巢湖北部地区第四系一般发育于南侧,山区内有坡积物(受溪流切割可见完整剖面)。由含砾石或砾块及含砂砾黏土组成,可达 3~4 m 厚;山坡边的倒石堆,河谷中及四康医院附近的冲积物、砾石或含砾黏土、黏土呈层状排列。近巢湖湖滨有河流—湖泊沉积物,以含砂或砾石亚黏土、亚砂土、亚黏土等组成。由于化石发现不多,因此其时代根据邻区对比而定。另外,碳酸盐区含不少洞穴堆积,1980 年合肥工业大学实习队,于巢县维尼伦厂北侧猫耳洞附近采获大量脊椎动物化石,计有巢县鬣狗、宁镇熊、宽臼周口店犀、半汤李氏野猪、杨氏大角鹿、步氏鹿、山羊、青羊、野牛等多种动物化石,时代属中更新世。从生物组合看,属于淮河过渡区古菱齿象—披毛象动物群一部分。

另外,安徽省区调队在巢湖市城南 6 km 的岱山乡（吕婆店）银山村后山坡上,也找到一洞穴堆积,其中含有早—中更新世三个时代的动物群,并发现部分猿人化石。因此,该区洞穴堆积引起人们的注意。

第三章　构　造

本区位于扬子板块的东北部、郯庐断裂带的东侧、半汤复式背斜的西翼。南缘以桥头集—东关断层为界,西缘以夏阁—圣桥断层(滁河断裂带的一部分)为界。

区内位于特提斯构造与太平洋构造的交汇处,中生代以来的构造活动强烈,奠定了区内的构造格架,尤其是印支运动在本区表现最为明显,以 NNE—SSW 向褶皱为主,伴随有一系列的纵断层、横断层和斜断层(见图 3-1)。

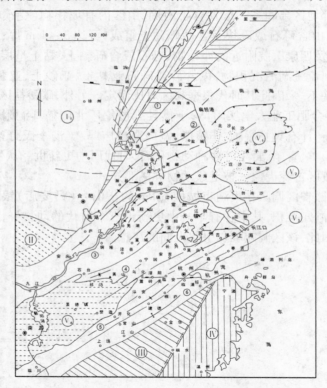

Ⅰ—华北板块;Ⅱ—秦岭—大别褶皱带(造山带);Ⅲ + Ⅳ—华南板块;Ⅴ—下扬子板块;
(Ⅴ₁—下扬子地层区;Ⅴ₂—江南—太湖地层区;Ⅴ₃—钱塘江地层区);Ⅴ₄—江南古陆;★—测区位置

图 3-1　区域构造图

实习区的构造形态在卫星地图上也清晰可见(见图 3-2)。

图 3-2　实习区卫星地貌图

一、褶皱

本区位于半汤复式背斜西翼,以三个二级褶皱为主要构造形式,自东向西主要由俞府大村向斜、凤凰山背斜、平顶山向斜组成。出露地层有志留系、泥盆系、二叠系、三叠系。由于多期构造运动的影响,褶皱轴面倾斜且弯曲,加之褶皱枢纽倾伏,在平面上表现为"M"形展布的低山地貌,南端则被 EW 向桥头集—东关断层横切而终止。多期构造运动的叠加,使区内形成的褶皱大都斜歪,局部倒转,次级小褶皱颇为发育,特别是在向斜核部尤为明显。褶皱多被断裂破坏。

平顶山向斜、凤凰山背斜构成主体构造形态。

(一)平顶山向斜

平顶山向斜位于本区西部,分布于马家山—平顶山—向核山(石灰山)一带,总体构造线方向为 NEE—SWW。向斜核部为三叠系东马鞍山组(T_{2d})、南陵湖组(T_{1n})中部地层;两翼为南陵湖组(T_{1n})下部、殷坑组(T_{1y})、和龙山组(T_{1h})和二叠系大隆组(P_{2d})的地层。两翼产状南北各异,平顶山以南两翼均向西倾,西翼倒转,倾角70°以上,东翼正常,倾角50°～60°,轴面西倾,倾角约60°。平顶山以北两翼产状正常,倾角20°～30°,轴面近于直立。

该向斜仰起端出露清晰,形态完整。西翼(平顶山西南坡)岩层直立,局部倒转,山顶北坡转折端清楚(见图3-3,图版Ⅱ-5),次级褶皱发育,核部岩性破碎(见图版Ⅱ-6,图版Ⅱ-7)。北坡转折端产状:东翼235°∠46°,西翼146°∠44°。

同样,由于受多期构造运动的影响,其向斜形态复杂多变,核部三叠统在平顶山采石厂一带次级褶皱十分发育。

(二)凤凰山背斜

凤凰山背斜位于本区中部,分布于凤凰山—麒麟山—朝阳山—碾盘山一带。总体构造线的方向为 NEE—SWW。凤凰山背斜枢纽起伏,大致向 SW 方向倾

图 3-3　巢湖市平顶山北坡由南陵湖组(T_{1n})组成的向斜核部

伏,轴面倾向 NW 并有绞扭现象。

核部由志留系地层组成,两翼依次为泥盆系、石炭系、二叠系。东翼地层倾角较大,局部倒转,西翼地层较缓,倾角一般 30°左右。由于核部志留系地层多为泥岩、粉砂岩,抗蚀性差,两翼泥盆系五通组(D_{3w})地层多为石英砂岩,抗蚀性强,常形成背斜谷这样一种特殊地貌,而两翼则由泥盆系五通组(D_{3w})石英砂岩形成单斜山,如麒麟山、大尖山、朝阳山等。

该背斜转折端地层出露明显,放射状小断层和节理特别发育,形成向倾伏端撒开的扇形断层组合。巢湖市凤凰山背斜见图 3-4。

图 3-4　巢湖市凤凰山背斜示意

二、断裂

本区断裂构造比较发育,由于多次构造作用的影响,形成不同方向、不同性质的断裂。从本区构造应力场分析,区域上主要受北西—南东向构造应力作用,按它们的方向、性质、与褶皱的关系及所切割的地层判断,主要活动于印支—燕山旋回。根据断层的主要展布方向与一定方式的区域构造运动关系,并结合野外断层的主要发育程度,将本区断层分为北东向、北西向、北西西向和近南北向。其中较发育的有北东向和北西向。前者与区域构造方向一致,多为纵向扭性逆断层,后者与区域构造方向近于垂直,横切褶皱方向,多为张扭性断层,以下主要阐述本区较发育的北东向和北西向的断层。

(一)北东向压扭逆冲断层

断层方向多为 40°~50°,主要有狮子口断层、王乔洞断层、凤凰山南侧断层、靠山黄断层等。

1. 青苔山逆冲推覆断层

该断层位于实习区西北部青苔山—殷家山一带,出露长约 30 km,断层走向 NNE—SSW,断面倾向 NWW。上盘主要由上震旦统灯影组(Z_{2d})白云质灰岩推覆体组成,向 SEE 方向逆冲推覆于下盘的下志留统高家边组(S_{1g})页岩之上。断裂带内发育有灯影组白云岩组成 1~2 m 的构造角砾岩和高家边组页岩形成的片理化泥页岩带,其中还发育一系列近于平行的次级逆冲断层和滑脱面擦痕和镜面。

2. 狮子口断层

狮子口断层位于狮子口公路北侧,走向北东 40°左右,倾向南东,倾角 ±70°。断层处发现有断层角砾岩,呈棱角状,大小不一,大的 3~5 cm,小的几毫米,主要成分为石英砂岩,胶结物为砂泥质、硅质和铁质。断层面两侧地层分别为北西侧坟头组,南东侧为五通组。断层发育在坟头组粉砂岩,泥质粉砂岩软弱岩层与五通组石英砂岩的接触带处,五通组底部砾岩层缺失。根据地层接触关系、断层产状、地层缺失判断应为一逆断层。

3. 王乔洞逆断层

王乔洞逆断层位于王乔洞附近,断层延伸方向为北北东向,与地层走向、褶皱轴方向近于一致,属纵向断层。断层中部在王乔洞附近,由于西盘受剥蚀明显,形成高达 6 m 的断层崖,断面向东倾,倾角在 80°左右。断面上擦痕阶步很发育,断层带发育有断层角砾岩和构造透镜体。此外,断层所派生的两组解理非常发育,断层面和断层带的特征反映出为一纵向压扭逆断层。紫薇洞溶洞的形成与其有着密切的关系。

4. 凤凰山南侧逆断层(鹅头崖逆断层)

凤凰山南侧逆断层(鹅头崖逆断层)位于凤凰山南侧与麒麟山交界处的冲沟处,走向北东 45°左右,倾向北西(与地层倾向相反),倾角 51°。断层带露头宽 1 m 左右,由断层角砾岩组成,角砾大小不一,大的近 10 cm,小的几毫米,大多 3~

6 cm。角砾成分较单一，由五通组石英砂岩、砾岩组成，胶结物为硅质，少量铁质。断层带切穿两侧地层，与两侧地层近于垂直，北西盘为坟头组灰黄色石英砂岩，南东盘为五通组含砾石石英砂岩，坟头组与五通组地层产状虽近于一致，但两者地层不连续。同时五通组砂岩由断层引起的次级劈理发育，产状为305°∠32°和350°∠45°两组劈理相交。根据断层两侧底层的位移关系及断层产状，应为纵向压扭性逆断层（见图版Ⅱ-8）。

5. 靠山黄逆断层

靠山黄逆断层位于靠山黄西南侧22.8高地处，断层走向北东35°，与地层走向一致，倾向北西，倾角51°。断层发生在三叠系地层南陵湖组内部，岩石为中—薄层微晶灰岩组成，大小不一，呈棱角状、透镜状，靠断层面上有糜棱岩化、片理化现象。北西侧上盘顶端有上移逆冲产生的岩层弯曲贝壳状折曲。根据以上断层产生的一系列断层相关现象，应为纵向压扭性逆冲断层。

（二）北西向张扭性断层

北西向断层走向210°~240°，倾角较陡，多为张扭性平移断层，区内主要有狮子口平移断层和310.2高地平移断层。

1. 狮子口平移断层

狮子口平移断层位于狮子口，沿狮子口沟谷呈北西大致240°方向延伸，此处存在平移断层的主要依据是在断层的南西盘可见坟头组与五通组的地层接触界线，沿接触界线五通组地层产状向断层北东盘方向延伸直接与坟头组中上部地层相连。五通组底部系巨厚层的石英砾岩，石英砂岩岩石坚硬，在这样短距离（几十米）的范围内出现与坟头组中上部岩层相连，推测应该存在已平移断层。由于未见到断层面，其倾向、倾角不明。

2. 310.2高地平移断层

310.2高地平移断层位于310.2高地南西侧山坡处，断层走向北西210°，倾角近于直立。断层走向与地层走向近于垂直。沿断层方向分布着断层角砾岩，在五通组地层内，角砾成分主要为石英砂岩，大小不一，大的几厘米到十几厘米，小的1 cm左右，胶结构物主要为硅质，少量铁质。断层横向切割坟头组、五通组地层，使五通组地层沿走向直接与坟头组地层相接触，造成地层不连续。其平移距离60 cm左右。根据地层接触关系，断层角砾岩性质，应为一右行张扭性平移断层。

三、节理

测区内节理构造十分发育，尤其在褶皱的转折端和断层附近常密集成带，并且在石英砂岩、硅质岩和灰岩中发育较好。节理的分析与研究是恢复构造应力场的重要手段之一,也常作为判断断层性质和断面产状的辅助手段,节理还可以成为地下水及其他矿产的储集空间的运移通道。

如:凤凰山南坡五通组中部石英砂岩中发育两组与层面垂直的节理,它们相互交叉呈网格状,被铁质充填,由于后期剥蚀作用而凸出于岩层表面。在其附近还见有扭节理与派生的楔形张节理被铁质浸染的现象。在马鞍山南陵湖组的直立灰岩中发育有规模巨大的节理,其中有张节理也有扭节理。

第四章　岩浆岩

巢湖市北部山区岩浆岩石不很发育,仅发现有 4 个小岩体,分布在 7410 工厂—王乔洞一线,严格受北西向断裂控制。单个岩体规模均很小,面积仅 100 ~ 1 200 m²,其中以皖维公司东侧、炭井村东侧岩体规模最大,露头也较新鲜,但现已全部被皖维公司平整建成体育场,难以看到。主要岩性为黑云母花岗斑岩(7410 工厂岩体)、花岗斑岩(王乔洞岩体)、花岗闪长斑岩(炭井村岩体和 117 高地南坡岩体),呈岩株状产出,一般剥蚀不太深,属浅成—超浅成相。岩体与围岩均为接触关系,除 7410 工厂岩体侵入在下志留统高家边组外,其余三个岩体均侵入在二叠系中。

岩体一般风化强烈,呈疏松状,但岩体蚀变很微弱,仅见叶蜡石化、绿泥石化和高岭石化。围岩仅具轻微的硅化、角岩化等,一般不见矿化现象。1983 年,7410 工厂因修建体育场,推土机揭露出来的炭井村岩体,新鲜露头上可见 NNE 向和 NEE 向两组裂隙中均呈明显的褐铁矿化。

岩体 SiO_2 含量在 70% 左右(67.88% ~ 70.37%),石英(Q 值)为 29.29% ~ 36.55%,为 SiO_2 过饱和的过碱性及中碱性岩石,Al_2O_3 偏高(13.9% ~ 15.29%),属铝过饱和系列。

岩体的侵入时代,根据炭井村岩体黑云母(K – Ar)的同位素年龄值为 106 Ma,考虑到 K – Ar 法年龄值较低及地质证据,认为其时代为晚白垩世。

在肥东四顶山、鸡鸣山一带出露有酸性侵入岩。具体见第二篇的岩石地层部分。

现就王乔洞岩体为例介绍如下:

王乔洞岩体(见图 4-1)位于王乔洞南约 30 m 处,俞府大村向斜的西翼。平面呈圆形,面积 160 m²。岩体侵入下二叠统栖霞组下段灰黑色中厚层微晶灰岩中,岩株的南接触带产状 252°∠50°。

岩性为花岗斑岩,岩性呈浅灰—浅灰黄色。具斑状结构,斑晶主要由斜长石 20%、钾长石 4%、黑云母 2%(野外肉眼观察大于 10%)组成,斜长石较钾长石自形程度高,颗粒大小不等,粒径在 0.05 ~ 1 mm,钾长石呈不规则状,黑云母多有暗化现象。

基质主要由石英、微晶钾长石及斜长石等组成,均呈他形晶微粒结构,钾长石多已高岭土化,斜长石绢云母化。岩体南界附近边缘相很明显,斑晶显著小且近接触带出现大量的气孔,均呈细长的椭圆形空洞,少量为方解石或沸石类矿物充填的杏仁体,定向排列,可见十分明显的流线、流面构造,流面产状70°∠45°。

外接触带围岩可见几厘米宽的烘烤褪色化现象,并可见30 cm多宽的硅化及角岩化带。岩石系SiO_2过饱和的过碱性岩石,为铝过饱和系统。

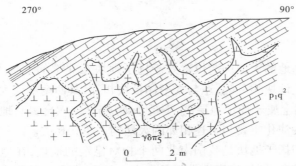

图 4-1 王乔洞花岗斑岩剖面图

岩石中含有锆石、磷灰石、金红石、磁铁矿、赤铁矿、褐铁矿、矽灰石、黄铁矿及自然铅等副矿物。

微量元素有 Be、Cu、Pb、Sn、Cr、Ni、V、La、Zn、Y、Yb、Co、Ba、Zr、Mn、Ga、Sr 等,一般都和克拉克值相近。

巢湖北部地区脉岩仅发现两条:一条为云斜煌斑岩脉,位于实习区东面汤山西坡;另一条为蚀变闪长玢岩脉,位于实习区内朝阳山 216 高地 195°方向(或向核山正南)约 300 m 处,岩脉长 50 m,宽 3 m,沿断裂呈 70°~250°方向延伸。

第五章 地质发展史

一、概述

巢湖实习基地的大地构造位置处于扬子地块东北部的下扬子坳陷,西以郯庐断裂带与华北地块相分隔,东与太平洋板块相邻,其西南部与大别造山带相毗邻。在地层区划上属于扬子地层区,下扬子地层分区,六合巢县地层小区。该实习区的地质发展演化主要与上述相邻的大地构造单元相关。

华北地块和扬子地块是我国南北两个相对稳定的地块,在地史中总体表现为构造活动性较弱、区域稳定性较强的特点。其中,华北地块在古元古代末的吕梁运动后(1 800 Ma)基底固结,成为稳定的克拉通地块。从中元古代至古生代期间发育有稳定的沉积盖层,地块内部只有差异升降运动,基本没有发生造山运动。在中、晚寒武世—早奥陶世期间发育了一套厚度和岩相均一的陆表海相沉积;中奥陶世—早石炭世期间地块主体处于隆起剥蚀状态;晚石炭世—二叠纪主体上处于准平原化阶段,发育了一套分布广泛的海陆交互相—河湖相沉积。在侏罗纪—新近纪进入构造活化期,受到强烈的伸展作用改造,在渤海湾、松辽等地区发育了一系列 NE—NNE 向张性断陷盆地,中—基性岩浆活动比较强烈。

南方的扬子地块在青白口纪末的晋宁运动后(约 800 Ma)基底才固结,其上发育了震旦纪以来的稳定盖层沉积。下扬子坳陷在晚震旦世广泛发育灯影组碳酸盐岩台地相沉积;寒武纪—早志留世早期,该地区强烈坳陷,发育了一套累计厚度上 10 000 m 的滨浅海—较深海相砂泥质沉积建造,实习区见到的高家边组就是其代表;从中志留世开始发生海退,沉积范围和沉积厚度大幅度减小,到晚志留世—中泥盆世该区基本没有接受沉积;从石炭纪开始再次发生大规模海侵,普遍发育了台地碳酸盐岩相沉积,并一直持续到中三叠世后期;晚三叠世全区抬升,仅局部残留有海相沉积环境;三叠纪以后海水退出下扬子地区,从此转变为陆相河湖沉积环境。晚侏罗世—早白垩世期间构造活动强烈,并伴有大规模的岩浆活动,岩浆岩以重熔型“S”型花岗岩和流纹岩、粗面岩、粗面安山岩等为主。

大别造山带是扬子板块与华北板块对接之后形成的碰撞造山带,碰撞作用发生在晚三叠世。苏鲁造山带与秦岭—大别造山带本来是一个连续的造山带,受郯庐断裂的大规模左行走滑动,使二者错开,使苏鲁造山带现今的主体位于山东半岛。关于苏鲁—秦岭—大别造山带形成的板块碰撞作用,目前一般认为是印支运动的南象幕。这次构造运动对巢湖地区也产生了重要影响，导致该地区侏罗纪以前的地层发生褶皱变形。

郯庐断裂纵贯中国大陆东部，对中国大陆东部中、新生代区域构造演化与含油气盆地形成具有重要的控制作用。该断裂带北起黑龙江的罗北，向南经依兰、伊通、四平、营口后穿过渤海湾，再向南经潍坊、郯城、庐江，过长江后继续向南延伸。断裂带由一系列次级断裂和断块构成，大别造山带的东段被郯庐断裂带截断。

巢湖实习基地位于扬子地块的东北边缘，总体上具有扬子稳定地块的沉积和构造特征，但又显示了一定的构造活动性。在构造上，侏罗纪以前主要受到扬子地块和大别—苏鲁造山带的影响，侏罗纪以后主要受到东部库拉—太平洋板块向亚洲大陆之下俯冲作用的影响。因该区处于大陆边缘活动带环境。

二、实习区地质发展演化简史

整个扬子地块在青白口纪末期的晋宁运动(800 Ma)完成基底固结，此后进入一个相对稳定的大地构造单元演化阶段。其上的沉积盖层主要由台地型碳酸盐岩和碎屑岩组成，其内部构造变形和岩浆活动相对较弱。从巢湖实习区晚震旦世以来的地质记录，可将实习区的地质发展演化历史分为如下5个阶段。

(一)震旦纪阶段

继晋宁运动之后，扬子地块从震旦纪开始发育稳定的盖层沉积。在上扬子区，震旦纪沉积记录可以长江三峡地区震旦系为代表。包括莲沱组陆源碎屑岩、南沱组冰碛岩、陡山沱组和灯影组的台地—陆棚相碳酸盐岩及细碎屑岩。实习区所在的下扬子区，震旦纪只有晚期灯影组的局限台地白云岩、白云质灰岩和硅质岩沉积。震旦纪末，扬子区总体又抬升，形成了与寒武系之间的区域平行不整合接触关系。

(二)早古生代阶段

继震旦纪末的短暂抬升之后，扬子地块发生强烈的沉降作用，引起广泛的海侵。在早古生代早中期发育了寒武—奥陶系的海侵沉积序列，但在早寒武世晚期和奥陶纪晚期分别有过短暂的抬升，形成了相应层位的平行不整合接触，其余各组地层之间为整合接触。在早古生代晚期发育了志留系的海退沉积序列，这主要是受加里东运动，即我国的广西运动的影响。作为广西运动的前奏，扬子地块从志留纪初即开始抬升并发生海退，扬子地块内部志留纪的水体逐渐变浅，沉积范围变小，使志留系主要由广海陆棚相细碎屑岩组成。由此表明，广西运动从其酝酿阶段就开始对扬子地块区的沉积环境造成了显著的影响，到志留纪末，广西运动使华南加里东造山带形成，也造成了晚志留世地层的普遍缺失。

实习区早古生代阶段的地质演化与整个扬子地块的演化基本一致。因受后期构造的改造，大部分地层未见出露，仅见到下志留统高家边组和中志留统坟头组。两者之间为整合接触，与下伏地层为断层接触，与上覆地层泥盆系五通组呈平行不整合接触。

（三）晚古生代至三叠纪阶段

扬子地块从晚泥盆世又一次开始大规模的海侵。这次的大海侵旋回包括了多个次级海进—海退过程，海水进退的频繁交替，形成了多个层位存在的短暂沉积间断。

位于下扬子区的巢湖实习区，在经历了晚志留世—中泥盆世的隆起剥蚀之后，在晚泥盆世发育了一套以石英砂岩为主的河流—滨海相碎屑岩沉积，被称为五通组（D_{3w}），属于海侵初期在本区的反映。从石炭纪开始，本区发育了石炭系—二叠系以开阔台地碳酸盐岩和陆棚相碳酸盐岩—硅质岩为主的沉积建造，反映其海侵作用的规模逐渐扩大，晚二叠世晚期发育了较深水环境下的低速沉积。三叠纪一开始，基本继承了晚古生代的沉积环境，整个下中三叠统是一套海退序列的泥钙质型陆棚浅海较深水相—滨海潮坪相含泥质碳酸盐岩沉积。晚三叠世，扬子板块与华北板块碰撞，形成了大别—苏鲁造山带。这次造山运动被称为印支运动的南象幕，对实习区的沉积环境和地质构造也产生了显著的影响，表现在本区中三叠统马鞍山组明显海退序列的蒸发台地相蒸发岩沉积建造。中三叠世之后，本区全面抬升为陆地。受印支运动（南象幕）强烈的南北向挤压应力作用，还使本区前侏罗纪地层发生强烈的褶皱和断裂活动，形成一系列紧闭的线性褶皱，奠定了巢湖地区现今地质构造的基本轮廓。

（四）侏罗—白垩纪阶段

印支运动之后，整个中国东部地区在侏罗—白垩纪期间地质演化主要受控于库拉—太平洋板块向亚洲板块的俯冲活动，使中国东部地区的地质构造背景变成一个新的大陆边缘活动带。造成该区沉积环境的不均匀性加强，河流湖泊相地层的层序残缺不全，地层分布范围局限，地层之间的角度不整合接触关系频繁出现，岩浆活动强烈。侏罗纪，由于库拉—太平洋板块向亚洲大陆之下俯冲，中国东部成为弧后伸展背景，在下扬子坳陷区发育了零星的侏罗系沉积。在巢湖实习基地北部地区发育有下部磨山组河流沼泽相含煤碎屑岩沉积和上部罗岭组的河流相细碎屑岩沉积。在卧牛山一带可见到上侏罗统毛坦厂组分布，主要由粗安质火山角砾岩夹凝灰质岩屑细砂岩和粉砂岩组成。另外，在实习区出露的狮子口花岗斑岩和王乔洞花岗斑岩也是晚侏罗世的产物，反映该区晚侏罗世的火山、岩浆活动比较强烈。另外，在实习区的西部的巢湖黄麓、中庙，肥东四顶山一带有这一时期的侵入岩和火山岩发育。

早白垩世,库拉—太平洋板块的洋中脊接近俯冲带,库拉板块向亚洲大陆NW向的俯冲难以继续进行,便向NNW方向向北移动并俯冲,造成亚洲大陆东部处于强烈的左行扭动应力环境。在此背景下,郯庐断裂发生大规模的左行走滑运动,使大别—苏鲁造山带被错断。巢湖地区在印支运动中形成的紧闭线性褶皱也被强烈改造,褶皱的延伸方向逐渐被改造为NE向,同时还形成一些逆断层。

晚白垩世,库拉板块对中国东部的影响明显减弱,太平洋板块向西俯冲于亚洲大陆之下,中国东部再次处于弧后伸展背景,发育强烈的火山活动。但在实习区未见该期火山活动记录,一些NW向的正断层正是这一时期发育的。

(五)新生代阶段

新生代以来,中国东部的地壳活动基本继承了中生代的特点,主要受控于太平洋板块向西的俯冲作用,以差异升降和断裂活动为主要特点。白垩纪以后,下扬子区地壳缓慢上升,仅局部可见零星分布的第三系双塔寺组沉积和较广的第四系沉积。

第四系沉积在巢湖实习区覆盖了一定的面积,沉积类型较多:山区有坡积物和倒石堆,由含砾石或砾块及含砂砾黏土组成,可达3~4 m厚;河谷中有河床冲积物,由砾石或含砾黏土、黏土呈层状排列;巢湖湖滨有河流—湖泊沉积物,由含砂或砾石亚黏土、亚砂土、亚黏土等组成;碳酸盐岩区有少量洞穴堆积。

新生代,在巢湖地区的新构造主要表现为一些早期形成的不同方向断裂继续活动,同时还可能产生了一些新的小型断裂。经过新构造运动的改造、风化剥蚀作用以及人为活动的改造,最终形成了巢湖地区现今地表的地质地貌特点。

第六章　矿产资源

根据安徽省地质矿产局的资料,区内主要形成与沉积岩有关的沉积矿产。主要矿种有石灰岩、白云岩、砂岩、黏土、煤、铁矿等,尤其是作为水泥原料的石灰岩最为丰富,是安徽省重要的水泥原料基地之一。

一、燃料矿产——煤

巢湖地质实习基地及其外围邻区,燃料矿产仅有煤。含煤岩系有上泥盆统五通组、下二叠统栖霞组、上二叠统龙潭组及下侏罗统磨山组。有工业价值的煤矿主要产于龙潭组下段含煤岩系中。其中又以下段顶部灰岩(欲称"压煤灰岩")之下约 3 m 处的煤层较好,为区内主要可采煤。

煤层平均厚 0.5 m,局部可达 7.5 m,一般呈透镜状、扁豆状、鸡窝状产出。顶底板均为页岩、炭质页岩,少数为粉砂岩。

煤层成分:以亮煤、暗煤为主,含少量丝煤。煤岩中含有机质总量达 41.7% ~ 90.2%,黏土质 4.2% ~ 55.2%,硫化物 0.4% ~ 5.4%,二氧化硅 0.2% ~ 1.6%,均属高硫无烟煤。

二、铁矿

区内铁矿按成因类型分为沉积型和热液型两种。

(一)沉积型铁矿

巢湖地质实习基地内沉积型铁矿有两个成矿期,即晚泥盆世五通晚期和早石炭世高骊山期。

1.五通期铁矿

铁矿赋存于五通组上段顶部,矿体呈透镜状、似层状产出,厚度变化大,不稳定,区内岠嶂山的铁矿出露较好,且具有一定规模,其他均为铁矿化点。

巢湖市北部岠嶂山铁矿,地处俞府大村向斜南东翼,出露地层自五通组至上石炭统船山组,产状稳定,倾向 250° ~ 290°,倾角 30° ~ 50°,由于北西—南东向断裂发育,使矿体多处错断位移。

含矿岩系由粉砂质泥岩、泥质粉砂岩、石英砂岩及黏土岩等组成,走向延伸近 1 500 m,含矿一层,厚 0.8 ~ 1.2 m,矿体呈似层状、透镜状产出,产状与岩层一致。顶板为黏土岩或石英岩,底板为含铁石英砂岩。

矿石成分有褐铁矿、赤铁矿,偶见有黄铁矿;脉石矿物有石英砂粒及泥质。

矿石原生结构为砂状结构,并具交代残余、交代假相及胶状等次生结构。矿石构造以网格状及皮壳状为主,矿石品位较低,TFe36.05%以下。

该类型铁矿为滨岸湖泊沼泽相沉积成因,亦有人认为是沉积加水解淋滤成因。

2.高骊山期铁矿

早石炭世高骊山期有两个成矿阶段,第一个阶段形成了高骊山组底部铁矿层(下矿层),第二阶段形成了该组中、上层铁矿(上矿层),巢湖北部地区下矿层发育较好,上矿层发育较差。

下矿层:巢湖北部地区以平顶山向斜北两翼的曹家山(即113高地)一带铁矿为代表,赋存于高骊山组底部,一般呈透镜状、团块状直接覆盖于金陵组灰岩之上,其间夹一层黏土岩,厚0~0.8 m,矿体产状与围岩产状基本一致。矿石一般呈胶状、交代假象结构及致密块状构造,主要矿石成分有赤铁矿、褐铁矿,脉石有石英、长石等。

上矿层:见于巢湖市马脊山(即117高地)一带,俞府大村向斜南东翼,为含鲕状赤铁矿泥岩,呈透镜状产出,厚1 m左右,顶、底板均为泥岩、粉砂质泥岩。中矿层缺失。

矿石矿物主要为赤铁矿、褐铁矿,此外还可见微量的磷铁矿、黄铁矿,脉石主要为石英和泥质。呈胶状、交代假象、交代残余结构,鲕状、豆状构造,品位较差。

该期铁矿均因矿层规模小,厚度不大,无工业价值。

(二)热液型铁矿

俞府大村铁矿位于巢湖市北部的俞府大村东约600 m,即皖维公司汽车库北60 m,处于俞府大村向斜南东翼,出露地层有五通组至高骊山组等,矿体受北西—南东向断裂控制,一般产于构造裂隙和层间空隙中。

矿体呈似层状、透镜状、脉状、楔状产出,产状变化较大。出露宽度0.5~1 m,长15~30 m。矿石矿物有赤铁矿、褐铁矿、沥青质褐铁矿、软锰矿、黄铁矿、黄铜矿等,脉石矿物有石英、方解石等。

矿石具充填胶状结构、交代假象结构及块状、角砾状、肾状构造。矿石品位TFe31.79%~51.57%。

矿体围岩为含泥质粉砂岩,围岩蚀变有高岭土化并见有烘烤现象,与矿体界线清楚。

该铁矿属低温热液充填、交代类型,也有人认为是原生沉积,经后期热液叠加再造成因。

三、磷矿

区内现有磷矿点三处,分布于大尖山、曹家山和岠嶂山,均为沉积型。含矿岩系为下二叠统孤峰组、砂泥质-硅质岩建造。

磷矿层赋存于孤峰组底部,由含磷泥岩和含磷结构泥岩组成。矿体比较稳定,呈层状、似层状产出,厚0.8~1.8 m,由于沉积环境影响,巢湖市北部较南部矿层厚度大,结核率高,矿石品位高。

巢湖市北部曹家山磷矿发育较好,矿体较稳定,厚1.5~1.8 m,走向延长约2 000 m,矿层顶板为硅质岩、硅质泥岩,底板为粉砂质泥岩及含磷泥岩,地层产状倒转,较陡,常有挠曲现象。

矿石类型为含磷泥岩和结核状磷块岩两种。前者主要由黏土矿物(以伊利石亚类为主)和钙磷酸盐(大部分为碳—氧磷灰石)组成,隐晶—显微鳞片结构、含生物碎屑结构及微层—薄层状结构,矿石中还可见砂屑磷块岩和泥岩互层现象,单层厚度1~8.5 mm。矿石平均品位 P_2O_5 4.09%;后者主要由碳—氟磷灰石(95%~97%)组成,含少量铁质和有机质,结构多呈扁椭球状、饼状、球状或不规则状,大小(2×1×3)cm^3 ±,隐晶质结构,结核状构造,平均品位 P_2O_5 27.78%。

上述两种磷矿石平均品位 P_2O_5 13.26%。该矿为浅海盆地环境沉积形成,矿体厚度小,品位低,无工业价值,但曾有当地群众土法开采利用。

四、石灰岩矿

区内石灰岩发育较好,分布很广,主要成矿时代为石炭纪、二叠纪、三叠纪,矿层多,厚度大,是本区主要矿产之一。根据工业用途不同可分为:化工原料矿产,水泥原料矿产及建筑石料矿产。

(一)化工原料石灰岩矿产

巢湖北部有马脊山(即皖维公司东采矿场)矿床,位于俞府大村向斜南东翼。含矿地层为下石炭统和州组,上统黄龙组、船山组及下二叠统栖霞组。含矿四层:①和州组上部微晶灰岩,厚7.6 m;②黄龙组上段微晶灰岩,厚22.4 m;③船山组微晶灰岩、球状灰岩,厚7.9 m;④栖霞组下段(臭灰岩段),厚54.30 m,矿层很稳定,矿石成分主要为方解石(90%~98%),含有白云石(3%)。该石灰岩矿床可作熔剂和水泥原料。

(二)水泥原料石灰岩矿产

巢湖市北部现有青苔山水泥石灰岩矿和马家山水泥石灰岩矿,均由巢湖水泥厂开采利用。

1. 青苔山水泥石灰岩矿床

青苔山水泥石灰岩矿床位于平顶山向斜南东翼,出露下石炭统和州组至下二叠统栖霞组,为单斜构造,产状稳定,倾向280°~295°,倾角50°~60°,矿体被两条北西向平移断层切割,错位50 m。

含矿五层,分别位于和州组、黄龙组、船山组及下二叠统栖霞组中,后者含矿两层。矿石主要为微晶灰岩,总厚度200 m,CaO含量54%左右。

2. 马家山石灰岩矿床

马家山石灰岩矿床位于巢湖市马家山、平顶山向斜西翼,出露地层有上二叠统及中、下三叠统等,地层产状倒转,倾向290°~330°,倾角50°~60°,矿层常被断层错断。

含矿三层,即A、B、C三个矿层,均产于下三叠统南陵湖组,总厚约80 m,矿层分布稳定。矿石类型为石灰岩、瘤状灰岩、瘤状泥灰岩、泥灰岩,主要化学成分为CaO和少量的MgO,CaO含量为31.51%~54.17%。

(三)建筑石料石灰岩矿产

建筑石料石灰岩矿产主要是石灰岩,分布极广,但目前广泛开采、利用最多的主要是石炭系、二叠系及三叠系灰岩,厚度大,单层薄,结构致密,性能好,易于开采,是良好的建筑石料。

五、耐火黏土、陶用黏土

此类黏土矿层位较多,分布较广,主要含矿地层为上泥盆统五通组、下石炭统高骊山组及下二叠统银屏组。

(一)五通组黏土矿

晚泥盆世五通期是区内较好的黏土矿成矿期,黏土矿层较厚,质量较好,但沿走向稳定性较差。以巢湖市狮子口黏土矿为例,简介如下:

巢湖市狮子口黏土矿位于巢湖市北部狮子口,俞府大村向斜北翼,出露地层为五通组至船山组。

含矿岩系为五通组上段,中薄至薄层状石英砂岩,含铁石英砂岩及黏土、粉砂质黏土岩等,共有九层黏土岩,以粉砂质黏土为主,层位稳定,厚度变化不大,一般1~3 m,其中有两层厚度较大,质量较好,为本区主要黏土矿层。一层为褐黑色黏土岩,厚6.72 m;另一层为褐黑色黏土岩、灰白色黏土岩,厚3.56 m。

矿石成分主要为高岭石、伊利石,其他少量次要矿物为石英和微量褐铁矿。含粉砂泥状、泥状结构,块状、薄层状构造。物理性能耐火度1 650~1 710 ℃,可塑指数13~17。

该类型黏土矿属滨岸湖泊沼泽相沉积类型。按化石成分及工艺性能可作三级耐火黏土和陶瓷原料,现有当地群众土法开采利用。

(二)高骊山组黏土矿

高骊山组黏土矿仅在曹家山见工业矿体。曹家山黏土矿位于巢湖市西北曹家山、平顶山向斜北西翼,出露地层有五通组至船山组,地层倒转,倾向320°～330°,倾角50°左右。含矿岩系为高骊山组粉砂质黏土岩、黏土岩、杂色页岩、泥灰岩等组成,黏土矿物在该组下部。

矿层厚 3.32 m,不稳定,走向延伸 1 500 m 矿体由灰黑、灰红、浅黄、灰白色黏土岩组成。底部为含褐铁矿泥岩,顶板为紫红色泥岩。

矿石物理性能:耐火度 1 580～1 710 ℃,烧结度 1 205 ℃,烧结范围 1 205～1 330 ℃,白度 53.7%。该类型黏土矿可做三级耐火材料,经工业试验可做粗陶瓷原料。

六、砂岩矿

砂岩矿可做冶金辅助原料之用,含矿层位为上泥盆统五通组下段,矿层产状与地质产状一致,厚度较稳定。以巢湖市北部凤凰山石英砂矿发育较好,含矿六层,矿层为含砾石英砂岩、细粒石英砂岩、中粒石英砂岩,总厚约 70 m,各矿层顶、底板均为含杂质较多的石英砂岩或粉砂岩。

矿石主要为石英,呈砂状、砾状结构,块状构造。SiO_2 含量 93.94%～97.88%。

该类石英砂岩矿床属滨岸陆屑滩—滨岸滩坝相机械沉积成因。矿石可作冶金熔剂,其中有些矿层的部分矿石可达到生产硅砖、硅铁的工业要求,具有一定的工业价值。

此外,作为水泥配料的砂岩,主要产于中志留统坟头组,含矿岩系为一套碎屑岩,现在被开采的有巢湖市柴火山和汤家山两处。矿层为坟头组中细粒石英砂岩、含泥质石英砂岩,顶板为石英砂岩,底板为泥岩或石英砂岩。SiO_2 平均含量 75%～80%,FeO_2 7%～35%。

该类矿床为浅海陆棚型沉积成因,层位稳定,规模大,质量较好,是良好的水泥配料。

第七章　环境地质

一、地貌与新构造

巢湖及巢湖流域的环境地质问题是长江中下游环境地质背景中十分重要的一部分。其地理位置正处于长江与淮河之间,大别山的东段北侧。

实习区山系走向北东向(35°~40°),山脊多为上泥盆统五通组石英砂岩,砾岩组成,岩性坚硬,难以风化。而山谷为下志留统高家边组粉砂质泥岩或上叠统龙潭组煤系—下三叠统殷坑组钙质泥、页岩组成。岩性松软,易破碎(大隆组硅质页岩、硅质岩),易风化、剥蚀、形成沟谷。以成因和形态为依据,本区地貌可概括为下列几个类型。

(一)侵蚀、剥蚀构造低山区

1.侵蚀、剥蚀地貌亚区

1)背斜谷、向斜山

凤凰山背斜谷位于狮子口内7410工厂,由下志留统高家边组粉砂质泥岩的软弱层构成;向斜山有平顶山、向核山和北凤凰山(305高地)。平顶山是以下三叠统和龙山组为核部的向斜山,向核山和北凤凰山则是以下二叠统栖霞组为核部的向斜山。

2)次成谷

平顶山至马家山一带,东、西两侧山谷都是由龙潭组—殷坑组的软弱岩层,风化、剥蚀而成的。

3)单面山

单面山主要有朝阳山、麒麟山、大尖山和岠嶂山等。它们的共同特点是:一面由五通组石英砂砾岩至二叠系灰岩等硬岩层组成,而另一面则是由志留系砂、泥岩等软弱岩层组成,因软、硬岩层差异风化而形成单面山。

2.堆积地貌亚区

1)残—坡积物

残—坡积物分布在区内坡麓地带,呈长条状分布,组成坡积裙。由于区内山势低缓不发育。在北凤凰山西北坡,有一规模可观的古滑坡(见图7-1)。

古滑坡体主体由石炭系黄龙组和船山组灰岩构成,呈长舌部分的滑舌的前缘可见金陵组和高骊组岩片直接盖在高家边组之上,推测滑坡位移量达1 km。

图 7-1　北凤凰山（305 高地）古滑坡地貌景观（王道轩，1983）

现今残存部分占地面积约 700×200 m^2，估算滑坡体体积约 30×10^5 m^3。

滑坡体的后缘正好是俞府大村向斜扬起端，其北面为一堵 $110° \sim 290°$ 方向的悬崖峭壁，高 $50 \sim 60$ m。峭壁由船山组、黄龙组和和州组炭岩构成，峭壁底部为高骊山组泥、页岩，产状均很平缓。峭壁发充一组 $110° \sim 290°$ 方向的近直立裂隙（与向斜轴近垂直），与岩层层面刚好构成"Y"形的贯通面。由于雨水（隔水层）进一步软化（泥水），摩擦力大大减低，于是上覆已经沿裂隙面与母体分离的岩块，在重力作用下，沿高骊山组泥、页岩——滑坡床或滑动面迅速下滑，于是形成滑坡。该滑坡体可明显地看到由 $2 \sim 3$ 个"台阶"组成，从滑坡体岩块层序正常且重复叠堆在一起的情况推断，这一古滑坡体应是多次滑覆而成的。

2）洪积地带

洪积地带多分布在区内山地冲沟出口处，形成洪积扇，规模与冲沟大小和长短有关，一般不大。如狮子口洪积扇（已因修铁路和公路破坏掉）、大理寺水库东面和万山埠洪积扇等。

3）冲积地带

冲积地带分布在岠嶂山东北部、万山埠西边以及俞府大村小溪的两岸。

3. 岩溶地貌亚区

实习区灰岩分布面积很广，岩溶（喀斯特）比较发充。较典型的有以下几种：

（1）地下暗河：省内闻名的有王乔洞（见图 7-2）、猫耳洞以及狼牙山西南公路西侧的白姑洞泉与金银洞泉（见图 7-3）。王乔洞显示不同的地下水侵蚀面。

（2）竖井：较深的有扁井、双龙井，两竖井相距不到 100 m，往下 30 m 左右变为水平，呈北东—南西向延伸上千米。

（3）漏斗：集中发育地带在 288 高地至石刀山一带，有四五个漏斗大致沿北 30° 方向呈串珠状展布。

图 7-2　王乔洞西古侵蚀面

图 7-3　金银洞

　　(4)岩溶塌陷区:最具特征的是位于王乔洞与 320 高地之间的谷地,原是王乔洞地下暗河的向北延伸部分。该暗河与紫薇洞在成因、展布和形态上完全一致,平行于栖霞组石灰岩的层理发育,但海拔高于紫薇洞。后来坍塌,形成谷地。其现象至今保存完好。

　　此外,在石刀、姚家山等地出现发育不太完好的石芽地形。

　　(二)冲积平原区

　　冲积平原区位于实习区南部与巢湖北岸之间以及东南裕溪河沿岩一带,海拔高度 20 m 以下广大范围的平坦地带。

二、水文地质与工程地质

　　区内除高家边组(S_{1g})、龙潭组(P_{2l})和殷坑组(T_{1y})为主要隔水层外,其余地层均为含水层且以裂隙、裂隙岩溶水为主要特征,各层含水量贫富不等,总厚1 000多 m。可分为三种类型。

(一)裂隙岩溶水

裂隙岩溶水分布于俞府大村向斜和平顶山向斜石炭系和二叠系岩石中,岩性主要为灰岩。共厚 250 m,出露面积达 5 km^2,以扁井、王乔洞、石刀山为代表岩溶发充,有裂隙岩溶水。

泉水出露规模较大的有金银洞泉、白姑洞泉。金银洞泉最大流量 150 m^3/h,一般 20~30 m^3/h,流度为 1 m/min。受大气降水控制,季节性影响较明显,为裂隙岩溶水,属下降泉。

(二)裂隙水

裂隙水主要分布于泥盆系五通组和三叠系及侏罗磨山组砂岩中。磨山组底部细砂岩破碎带有承压水,从灯塔大队附近钻孔揭露承压水头高度 18.5 m,水温 23 ℃。

(三)松散岩层孔隙水

这种水分布不广,仅在冲沟两侧和向斜核部堆积的第四系亚砂土、夹碎石块中,厚度不大,一般在 5~10 m,且受大气降水控制。另有上更新统(相当于下蜀组)黏土底部含有砂姜呈层状或透镜状分布,也是较好的含水层。

第八章 旅游地理

巢湖市境内风景秀丽,名胜古迹甚多,是安徽省重要的旅游区之一。

巢县(现改为巢湖市),因古巢国而名。古代称巢县地区为南巢。夏代桀王无道,被商代成汤所灭,成汤遂放桀王于南巢。《名胜志》:巢县卧牛山背有"桀王城"。周代所封巢国,矿邑在巢县城东北五里。巢县城于明嘉靖三年(1523)重筑城。

一、牛山眺远

巢城枕山面湖。城中有卧牛山,旗山左护,龟山右托。登卧牛山瞭望,长湖似镜,群山如屏,云烟缥缈,帆舸参差。"牛山眺远"是巢县十景之一。

唐代以来,多有牛山晓望与晚眺等题咏:"壮哉卧牛俯长湖,顾盼千里气象殊";"登高四望皆奇绝,三面青山同面湖";"帆樯几道凌空渡,烟火千门向晚多";"山椒列酒荫松萝,遥听渔舟乃歌"。

又诗云:

> 孤城三面水,
> 落日万重山。
> 天与征帆远,
> 云随暮鸟还。

这一首首诗篇,犹如一幅幅丹青,将巢城的湖光山色、胜地美景呈现在人们的眼前。

二、巢湖秋月

"巢湖秋月",十景之一。巢湖,面积 820 km²,岸线蜿蜒曲折,周长 150 多 km,跨巢县肥东、肥西、庐江县界,是我国五大淡水湖之一。巢湖因形似鸟巢,故得名,又因焦姥故事民间亦称焦湖。

巢湖风物,望之清秀,清人巢县知县孙芝芳以为可与苏州媲美:曾留有"天与人间作画图,南巢曾说小姑苏"诗句。

明人于觉世《望巢湖》,咏平湖春晓:

> 长湖三百里,四望豁江天。
> 日气来残雨,风樯落晓烟。

环城一水阔,隔岸数峰妍。

南国春光早,游歌半扣舷。

关于巢湖的来历,民间神话:居巢地陷为湖,焦姥化为姥山,传说由来已久。《搜神论》:长江暴涨,有巨鱼随潮入港,潮湿退后干死。鱼"重万斤","合郡皆食之,一老姥独不食"。忽有老叟来告:"巨鱼吾子也,不幸罹此祸。汝独不食,吾厚报汝。若东门石龟目赤,城当陷。"此后,老姥每日前去察看,稚子问其故,"以朱傅龟目",老姥见后,急忙出城,有龙子前导登山,而"城陷为湖"。

美丽的神话,毕竟不能代替科学真理。地质学家关于巢湖成因,亦众说不一,但多半认为,巢湖处于四组大断裂交汇部位,经长期沉降作用形成低洼盆地,积水成湖。

巢湖中有姥山、孤山。相传,当年当地陷为湖后,焦姥山化为姥山,其女化为姑山(孤山)。母女被洪水冲散,因而湖心二山似遥相顾盼。姥山为水中孤岛,周长4 km,面积1 300余亩。远眺,姥山秀峙,似表面螺浮于烟波。山上松杉苍翠,果林茂荣。阳春三月桃花盛开,春水上涨,登山观湖,如入桃源仙境。

其东岭有姥山庙,山之巅建望湖塔,俗称望儿塔,又称父峰塔。塔高51 m,计7层,132级,八角形。顶悬铜钟,层出尽檐,每层悬响八只,壁间有砖雕佛像和石刻题匾。内有阶梯,登临览胜,碧波万顷,水天一色,渔帆湖中驶,青山云外妍。

巢湖北岸有中庙,与姥山隔水相望,因位于合肥与巢县之中而名,又称中杰庙、圣姥庙。始建于唐代,历代修缮,现存殿阁、经楼为晚清建筑,现大殿内供奉关云长神像。旧有"湖天第一胜地"的美称。

姥山、孤山为晚侏罗纪毛坦厂期大山碎屑、熔岩堆积而成。中庙则建筑在白垩系—老第三系红色砂、砾岩之上。

三、姥姑三岛

姥山依偎在风景秀丽的巢湖怀抱之中,山环水绕,湖天同彩。姥山、姑山、鞋山宛如三颗晶莹剔透的宝珠,镶嵌在烟波浩淼的巢湖银盘心田,十分奇妙。

姥姑三岛与巢湖北岸汉代古中庙遥相探首,娓娓诉说着远古时代的动人传说,令人陶醉、遐想,古往今来就有"湖天第一胜地"美誉,引的大书法家赵朴初也欣然在此留下墨宝。

姥山岛位于旅游度假区的精华地带,峰峦叠翠,山道逶迤,竹墟远树缥缈,渔村民俗昂然,古庙、古塔、古船塘交相辉映,晚霞、夜月别有洞天。

四、王乔仙洞与金庭曲水·

巢县十景有"王乔仙洞"和"金庭曲水"。

王乔仙洞,位于城北郊,皖维公司西侧,紫薇山下。紫薇山又名金庭山、王乔山。金庭洞外"金庭曲水"为县人春游流觞处。

王乔洞,长40余m,宽4m,高5~7m,呈弧形的天然石灰岩溶洞(古地下暗河残存部分)。原是道家福地,据传,仙人王乔(或王子乔)与浮丘公曾隐居此洞窟炼丹,故名王乔洞,道出称为"第十八福地"。后人在洞内两壁摩崖雕刻大小佛像五百二十多尊以及狮像、麒麟等灵兽,是安徽省唯一石窟造像遗址。

洞位于下二叠统栖霞组下段灰岩中,为喀斯特溶洞。洞内可见三级明显的地下水古侵蚀面,反映本区至少有过三次以上升为主的新构造运动。

五、汤麓温泉

巢县特色,一湖之外,又有一泉。"汤麓温泉"名列十景。《隋书·地理志》:襄安县(即巢县)有半阳山,山有汤池,故称"半汤"。或因有其山有冷、热二泉,时分时合,炎凉各半,因名半汤。

半汤温泉位于巢城北部7km的汤山脚下。该泉有大小泉眼40余处,呈间歇式溢出,泉水无色透明,水温一般在56~59℃,昼夜出泉水3 000 t,总面积约12 500 m²。

《环宇记》:巢县汤泉,"四时常热,凡抱疾者饮浴此汤,无不效验。"温泉水,内含3 000多种活性元素及氡气,属硫酸—钙镁型水,为优质氡气矿泉,可治疗50多种疾病,尤其对皮肤病、腰椎病、关节炎有显著疗效。现已陆续建成安徽省干部、工人、地质、电力以及南京军区空军等五所疗养院。

巢县汤山出露地层为震旦、寒武—奥陶系,构造上属半汤复背斜,温泉受两组大断裂控制,地下泉水沿断裂深循环受地热加温所致。

六、银屏奇花

巢县城南银屏山,秀拔如屏,银屏山仙人洞和洞前牡丹花,是巢县奇绝。现已被巢湖市列为重点旅游区进行开发。仙人洞分明、暗二洞,明洞蜿蜒曲折,前后贯通,暗洞内奇峰并石,星罗棋布,钟乳石凌空而悬,如盏盏宫灯。洞为黄龙组灰岩、船山组灰岩,经地下水溶蚀作用而成的喀斯特溶洞。

洞前悬崖峭壁之间长有一株巨大的白牡丹花。石崖上刻张恺帆手题"银屏奇花"四个大字。每逢谷雨前后,牡丹盛开,雪白如银,引来四面八方成千上万的观花人。

此外,还有巢县十景之一"洗耳芳池",在城东一里。相传为尧舜时,高贤许由洗耳池。成语"洗耳恭听"即源于此。

城东十里有亚父山即旗山,西楚霸王项羽的谋臣范增,被尊称为"亚父"。因项羽"不足与谋,愤而还归故里,死后葬于此山"。现今在旗山之北约 2 km 远的鼓山之巅建有亚父庙,供游览凭吊。

七、紫薇仙洞

紫薇仙洞位于巢湖市北郊,是一座国内罕见、特色鲜明的地下河型洞穴。紫薇洞全长 1 500 m,洞体宏阔,结构繁丰,景观奇特,以雄、奇、险、幽著称,为江北第一大洞。洞内最奇妙的景观是"四绝""三奇"。"四绝"为玉螺帐、石鹤管、天外飞瀑和天沟、天槽、天板;"三奇"为铁索寒桥、双井开天和地下长河。

紫薇洞发育在二叠系栖霞组黑色灰岩中。由于该岩层走向近南北,倾角直立,故沿岩层层面发育的紫薇洞,也呈南北向展布。洞体平直,高而狭窄,形成独特的窄而长的通道。地壳的多次抬升和相对稳定,在溶洞两侧的陡壁上留下多层溶蚀槽。洞底相对平坦,其下仍有多层地下暗河发育。

第二篇　巢湖中庙—肥东四顶山一带地质特征及郯庐断裂带糜棱岩研究

中庙与四顶山一带属于低山丘陵地貌,是合肥市环巢湖旅游大道、环巢湖生态示范区的重要组成部分,区内水系发育,水陆交通便利,自然景色优美,岩石类型齐全,地质作用特征显著,地质构造现象多样,岩石地层出露良好,是地质实习特别是地质认识实习的良好场所。这一区域大致在东经 117°27′~117°30′,北纬31°35′~31°40′,陆地面积约 40 km^2。郯庐断裂在肥东县四顶山、桥头集和巢湖市庙岗一带都有良好的出露,构造特征典型,是中国东部影响最大的断裂——郯庐断裂带研究的天然试验场。

上述地区交通便利,研究程度较高,是开展地学研究的良好场所。下面根据1:5万姥山幅的区域地质调查报告,环巢湖城市地质、旅游地质等资料及合肥工业大学有关郯庐断裂的研究成果,结合作者的野外工作成果,就该地区的主要地质特征做概略的介绍。

第九章　地层岩石

巢湖中庙—肥东四顶山在北以陆家畈与张治中故居(洪疃村)为界,东以张治中故居与临湖连线为界,南、西以巢湖为界,出露有新太古代—古元古代的变质岩,中生代的岩浆岩及沉积岩,岩石类型齐全,区域位置见图9-1。

一、地层

本区为华南地层大区,南秦岭—大别山地层区,桐柏—大别山地层分区,肥东地层小区。区域地层如表9-1 所示。

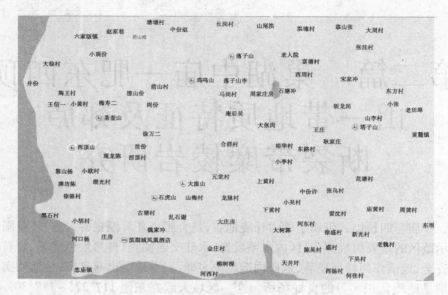

图 9-1 巢湖中庙—肥东四顶山位置图

表 9-1 肥东地层小区地层表

地质年代			地层区		主要岩性
代	纪	世			
新生代	第四纪	全新世	丰乐镇组	三段	粉细砂、粉土、粉质黏土夹淤泥、泥炭层
				二段	粉土、粉质黏土夹粉砂、细砂和淤泥及泥炭层
				一段	砂砾、砂、粉砂、粉土、粉质黏土夹泥炭层
		更新世	晚	戚嘴组	黏土、粉质黏土,含铁锰结核、钙质结核
			中	泊岗组	灰黄、棕红色黏土、含砾黏土
			早	合肥组	灰黄、棕黄色砂砾、砂、粉砂、粉土
	新近纪	上新世	滚子河组		灰白色半固结状长石砂岩、含细砾长石砂岩
	古近纪	始新世	定远组		紫红、棕红色砂岩、粉砂岩、粉砂质泥岩
		古新世			

地质年代			地层区			主要岩性
代	纪	世				
中生代	白垩纪	晚世	张桥组			砖红、灰黄色砂砾岩、砂岩、粉砂岩、泥岩
			邱庄组(未出露)			棕红色细砂岩、粉砂岩、泥岩
		早世	新庄组			紫红、浅灰白色砂岩夹紫红色泥岩
			毛坦厂组			碱性粗面岩、安山质角砾凝灰岩、安山岩
	侏罗纪	晚世	周公山组			灰白、紫红色砂岩、粉砂岩、泥岩
		中世	圆筒山组			灰白、紫红色粉砂岩、长石砂岩
		早世	防虎山组			灰黄、灰色砾岩、砂砾岩、砂岩
古元古代			霍邱岩群	肥东岩群	桥头集岩组(未出露)	灰、灰白色大理岩
					双山岩组	二云二长片麻岩、石墨片岩
新太古代				阚集岩群	大横山岩组	灰、灰白色斜长片麻岩、角闪斜长片麻岩夹斜长角闪岩
					浮槎山岩组(未出露)	

主要地层及岩性描述如下。

(一)大横山岩组(Ar_{2d})

大横山岩组原名阚集群,指分布于肥东桥头集一带呈 NNE 向延伸的一套片麻岩夹角闪岩类及片岩类等中深变质岩系。划分为浮槎山岩组和大横山岩组,正层型为肥东县阚集剖面(安徽区调队 1978 年测制);安徽省岩石地层(1997)认为原阚集群及原肥东群桥头集组主要为变质变形侵入体与少量变质表壳岩,并将其改划为阚集杂岩;1∶25 万合肥幅区调工作确认原阚集群系由变质变形侵入岩与变质岩层组合而成,并将其中变质岩层划分为浮槎山岩组与大横山岩组。在中庙附近,大横山岩组主要出露在山门李一带,为灰、深灰色条纹状黑云斜长片麻岩、角闪斜长片麻岩夹黑云片岩及斜长角闪片岩及斜长片麻岩。岩石总体构造变形、混合岩化强烈。在小蔡村的公路边也有很好的人工露头。

(二)双山岩组(Pt_{1s})

双山岩组原名肥东群,系徐嘉炜等(1965)创名于肥东,指分布于桥头集一西山驿一带的变质岩系,自下而上划分为浮槎山组、横山组、双山组;安徽省岩石地层(1997)认为原肥东群主体是由黑云斜长片麻岩、角闪黑云斜长片麻岩等变质变形侵入体与变质表壳岩组成的,统归为阚集杂岩,仅将原双山组残存有断续延伸、厚薄不等的、以含磷、锰为特征的较单一的碳酸盐岩系称为肥东(岩)群。1:25万合肥幅区域地质调查对双山剖面进行了修测,并根据岩石构造变形及组合关系,将(含磷、锰)碳酸盐岩系划为双山岩组,其上部的纹层状黑云斜长片麻岩、黑云片岩、角闪片岩等划分为桥头集岩组,二者归并为肥东岩群。分布在鸡鸣山—沙二岗一线的 NNE 向构造变形带内。主要为一套含磷、锰的碳酸盐岩系。

巢湖市沙二岗,岩性为青灰、灰白、蔷薇色厚层状大理岩、含方柱石蛇纹石化镁橄榄石大理岩、蛇纹石化镁橄榄石大理岩、碎裂大理岩,局部有少量磷灰岩夹层。

区域上双山岩组底部与大横山岩组呈明显的韧性剪切带接触关系,剪切带宽约 10 m 至数十米,带内岩石构造条带及连续劈理发育,岩石类型复杂,片麻岩、含磷大理岩、磁铁石英岩等已高度融合,构造混杂,各类剪切褶曲多见。

双山岩组主体应为一套浅海相碳酸盐岩建造,其下部富含磷、锰,有碎屑岩夹层,且大理岩中亦有含量不等的陆源碎屑物,显示其相对近源的沉积环境。岩组上部白云石含量明显增高,部分白云石大理岩 MgO 含量在 20% 以上,是白云岩矿的主要层位。

(三)防虎山组(J_{1f})

防虎山组主要分布在防虎山—磨墩水库一线,本区没有出露。下部为灰白、灰黄色巨厚层砾岩、砂砾岩、粗砂岩及中厚层中粗粒长石砂岩、长石石英砂岩夹薄层泥质粉砂岩;砾石成分主要为伟晶岩、花岗岩、石英岩、片麻岩、片岩等,大小一般 2～10 cm,大者达 30 cm,呈半滚圆—滚圆状,分选较差。上部为灰白色厚—中厚层含砾粗粒长石石英砂岩、中粗粒长石砂岩、中细粒石英长石砂岩夹深灰色薄层粉砂岩、泥质粉砂岩、炭质页岩及煤线,岩石中多见星点状炭质团块。

(四)圆筒山组(J_{2y})

圆筒山组仅分布在周公山—紫蓬山一带,呈近东西向分布,区域上岩性稳定,为陆相红盆沉积。在肥西县聚星—罗大山,岩性为紫红色薄层粉砂岩、钙质粉砂岩夹紫红、紫灰、黄绿色细粒长石砂岩、细粒长石石英砂岩、含砾中粗粒砂岩及少量灰绿色薄层粉砂质泥岩。含植物碎片及炭质。

(五)周公山组(J_{3z})

周公山—紫蓬山一带,呈近东西向分布,区域上岩性稳定。在肥西县聚星—罗大山,底部为灰色、紫红色砾岩、砂砾岩;砾石成分主要为石英岩、燧石、片麻岩、片岩,大小一般为 1～3 cm,大者达 15 cm,多呈次棱角状,大小混杂。

沉积相与沉积环境分析,周公山组底部为砾岩、含砾砂岩,为冲积扇—河流相沉积;下部主要为紫红色砂岩夹粉砂岩,具水平层理、平行层理、正粒序层理、板状交错层理、槽状交错层理及底冲刷构造,砂岩、含砾砂岩下部见有撕裂状、角砾状紫红色泥岩砾石,沉积环境为河流相,上部为粉砂岩夹砂岩,具水平层理、平行层理,沉积环境为湖相。

(六)毛坦厂组(K_{1m})

依据区域资料,自侏罗纪晚期,开始有火山活动,形成一系列火山岩盆地,白垩纪在华北区南缘的合肥盆地的基础上,自早白垩—晚白垩世沉积了一套火山岩和河流湖泊相的碎屑岩。

毛坦厂组在双山、袁家山、姥山、忠庙—六家畈一带,地貌特征为低山丘陵、残丘,毛坦厂组在本区出露较差,岩性变化较大。

在中庙—六家畈一带,岩性为紫灰色粗面岩、碱性粗面岩、粗面质角砾熔岩,厚度大于 342 m;另外,在石虎山一带,岩性为粗面岩、粗安岩。岩石中裂隙发育,沿裂隙充填有硅质细脉。毛坦厂组在沙二岗一带与大横山岩组、双山岩组呈喷发不整合接触,在四顶山一带形成四顶山岩体的残留顶盖,在石虎山与石英闪长质片麻岩呈喷发不整合接触。

在姥山、孤山、袁家山、双山一带,毛坦厂组岩性为紫红、灰绿色粗安质凝灰岩、粗安质凝灰角砾岩、粗安质角砾集块岩、粗安质凝灰熔岩。

(七)新庄组(K_{1x})

该组曾称朱巷组(系钻孔剖面上命名),地表没有出露。现指合肥及相关盆地棕红、紫红色砾岩、砂砾岩、砂岩、粉砂岩及钙质泥岩、泥岩等的沉积。

(八)张桥组(K_{2z})

张桥组指合肥盆地邱庄组之上的砖红、浅棕红色砾岩、砂岩、粉砂岩。

张桥组在区内露头零星,主要出露于巢湖市忠庙一带,以邻区 1:5 万梁园区调,肥东县郭陈村剖面为代表,依据岩性、岩相的变化可分为三段:下段下部为砖红色厚—巨厚层长石岩屑细砂岩夹薄层砂砾岩和一层透镜状灰质砾岩,平行层理、块状层理,未见底,上部为砖红、灰紫色中厚层长石岩屑细砂岩与钙质岩屑长石细砂岩、含泥钙质粉砂岩互层;厚度大于 117 m;中段为浅砖红色中厚层长岩屑细砂岩、岩屑细砂岩、粉砂岩与砾岩、砂砾岩呈韵律状不等厚互层,局部砾岩、砂砾岩呈透镜状尖灭再现,具平行层理、粒序层理、槽状交错层理,厚 110 m;上段为灰紫、浅砖红色中厚层—块层状砾岩、砂砾岩夹含砾岩屑砂岩,具平行层理、块状层理、粒序层理及底冲刷构造。

在茶壶山,张桥组岩性为砖红色含砾砂岩夹透镜状砾岩,透镜状砾岩中砾石成分主要为片麻岩及少量石英,片麻岩砾石呈次棱角状,大小混杂,一般 1～3

cm,最大可达 25 cm,石英砾石呈次圆状,大小在 1 cm 左右。含砾砂岩中砾石分两种,一种为浑圆状的石英,大小 2～5 mm,一种为粗面岩,呈棱角状,大小 10 cm 左右,最大达 60 cm。底部有 15 cm 的底砾岩,砾石由粗面岩组成。厚度大于 9 m。与下伏毛坦厂组呈角度不整合接触,沉积相为河流相。

图 9-2　张桥组中的砂砾岩(巢湖市中庙中学)

在本区的中庙一带湖岸上,张桥组出露岩性为灰红、灰黄色厚层状砂砾岩夹中薄—厚层粗砂岩;砂砾岩中砾石主要为脉石英、燧石、片岩、花岗岩、火山岩等,次圆状,分选性差,大小在 0.2～8 cm,含量 15%～20%。如图 9-2 所示,基本层序由砂砾岩、砂岩组成韵律性沉积,为河流相沉积。

沉积相与沉积环境分析,依据资料张桥组下段显示下部由砂岩—细砂岩;上部由细砂岩—粉砂岩的基本层序,显示为干燥炎热气候条件下的滨湖相—浅湖相沉积;中段由砾岩—砂砾岩—砂岩构成向上变细的基本层序,显示为河流相的沉积特征,为河流相沉积;上段由砾岩—砂砾岩或含砾砂岩构成基本层序,显示为冲积扇相沉积。

横向变化,张桥组在合肥盆地的边缘部位,岩性变粗,下部为砖红色砾岩、砂砾岩、含砾中粗粒砂岩夹细砂岩;上部为鲜红色细砂岩、含砾石英砂岩、粉砂岩、泥质粉砂岩夹粉砂质泥岩及泥岩。在盆地中间下部砖红、棕红、褐红色细砂岩、细粒长石石英砂岩、细粒石英砂岩夹中细粒砂岩,上部为砖红、棕红色细砂岩、石英粉砂岩、泥质粉砂岩夹粉砂质泥岩及泥岩。与下伏地层呈角度不整合接触。

二、岩石

(一)侵入岩

侵入岩分布于姥山幅肥东县四顶山—鸡鸣山一带,出露面积约 6 km²,呈 NNE 向展布;包括新元古代变质变形侵入体和中生代侵入岩。

1.新元古代变质变形侵入体

新元古代侵入岩出露肥东县鸡鸣山—中庙一带,现已呈变质变形侵入体状态,总体呈 NNE 向展布。根据相邻区 1:5 万梁园区域地质调查结果,根据变质变形侵入体岩石的组构特征,岩石化学、空间分布及相互间的关系可分为两个片麻岩套,其中王铁片麻岩套包括四个构造岩石单位:大康集片麻岩、山王片麻岩、庙山片麻岩及卸甲山片麻岩,构成了从闪长质→石英闪长质→花岗闪长质→二长花岗质钙碱性同源演化序列,组成了一个完整的片麻岩序列;另一个为西山驿片麻岩套,包括了乌龟山和南文家两个片麻岩套,岩性分别为二长花岗岩和正长花岗岩,以前将其视为中生代糜棱岩化侵入岩,1:25 万合肥市幅区域地质调查对山王片麻岩进行了锆石 U－Pb SHRIMP 测年,结果是(785±10) Ma,故应属新元古代。查区内新元古代变质变形侵入体岩性为石英闪长质片麻岩和二长花岗质片麻岩,与邻区对比,将其分别归入山王片麻岩和卸甲山片麻岩。

1)山王片麻岩(Pt₃Sw)

山王片麻岩分布于鸡鸣山东南一带,出露面积小于 0.3 km²,侵入围岩为早元古代双山岩组大理岩;岩性为细粒石英闪长质片麻岩,细粒不等粒花岗结构、细粒粒柱状变晶结构;主要成分:斜长石(65%)、钾长石(一般小于5%)、石英(10%～15%)、角闪石、黑云母等(10%～20%);副矿物有锆石、磷灰石、磁铁矿、榍石、绿帘石等。

2)卸甲山片麻岩(Pt₃Xj)

卸甲山片麻岩分布于石虎山一带,出露面积小于 0.1 km²,上为早白垩世毛坦厂组粗面质火山岩不整合覆盖,岩性为中粒二长花岗质片麻岩(见图9-3),具片麻状构造,中粒不等粒花岗结构;主要成分:斜长石(25%～40%)、钾长石(35%～45%)、石英(25%～30%)、黑云母(7%～8%);副矿物有锆石、磷灰石、磁铁矿、绿帘石等。

图9-3　卸甲山片麻岩外貌(巢湖市中庙虎山)

2.中生代侵入岩

前山份岩体(K1ηγQ)分布于四顶山—鸡鸣山一带,出露面积约6 km²,夹持于肥东县与靠山杨附近的郯庐断裂带两主干断层之间,呈 NNE 向展布。

岩体侵入大横山岩组、双山岩组中,在岩体西侧巢湖岸边,张桥组砂砾岩中有二长花岗岩砾石及其碎屑,虽然两者呈断层接触,仍能说明岩体在张桥组之前形成。

岩体按粒度可分为两个相带,内部相为粗中粒二长花岗岩,边缘相为中—细粒二长花岗岩,边缘相不足岩体总面积的1/4,且分布不连续。粗中粒二长花岗岩,具粗中粒半自形粒状结构、块状构造,主要矿物成分:钾长石(部分为条纹长石)40%、斜长石30%、石英25%～30%、黑云母1%～2%。

3. 脉岩

脉岩主要出露在巢湖东岸的四顶山—中庙一带,岩性为二长花岗斑岩、细粒花岗岩脉、流纹斑岩及石英脉。流纹斑岩脉岩走向北西、北西西向,侵入围岩为前山份岩体、早白垩世毛坦厂组、晚白垩世张桥组。

(1)二长花岗斑岩:浅肉红色细粒二长花岗斑岩;呈脉状产出;斑状结构、基质具显微细粒结构、块状构造;斑晶为:斜长石10%～15%、钾长石5%～10%、石英15%、黑云母1%～2%。

该脉岩岩性与四顶山岩体相近,可能时代略晚于四顶山岩体,时代为早白垩世。

(2)细粒花岗岩脉:岩石呈浅黄灰色,细粒粒状结构、块状构造;主要矿物:斜长石55%、石英35%、钾长石7%;暗色矿物:黑云母、磁铁矿占3%左右。岩石中矿物粒径在0.25～1 mm。侵入围岩为霍邱岩群的石墨片岩。

(3)流纹斑岩:岩石呈紫灰、灰色,斑状—少斑结构块状构造;斑晶含量3%～5%,成分:钾长石(透长石)2%～10%、石英1%～3%、黑云母1%～2%。基质由隐晶长英质矿物组成,部分呈隐晶文象结构,少部分石英有重熔现象,另含少量金属矿物。斑晶中钾长石无色透明,呈板柱状,偶见卡氏双晶,粒径0.25～1 mm,部分边缘熔蚀成港湾状。石英呈六方双锥形,一般为熔圆状,粒径0.1～0.5 mm。黑云母棕褐色板片状,部分已暗化。在中庙中学附近采场内,见流纹斑岩中有片麻岩捕房体。侵入围岩为前山份岩体、早白垩世毛坦厂组、晚白垩世张桥组。

(二)火山岩

区内火山岩(毛坦厂组)出露在巢湖东岸的四顶山—中庙、姥山、袁家山、双山一带,露头零星,出露类型为:粗面岩、粗安岩、安山岩、粗面质角砾熔岩、粗安质凝灰岩、粗安质凝灰角砾岩。

(1)粗面岩(碱性粗面岩):分布在六家畈—中庙一带,岩石呈灰紫色,局部具气孔构造,少斑—斑状结构、基质具粗面结构,块状构造,斑晶为钾长石5%、黑云母2%～3%;钾长石半自形板柱状,偶见卡氏双晶,表面分解有少量黏土矿物;粒径0.25～2 mm。黑云母棕褐色,大部分已暗化。斑状结构的基质主要由钾长石组成,其次为少量金属矿物微晶,钾长石呈细小针条状微晶大致平行排列,形成粗面结构。

（2）粗安岩：在肥东县嫘百泉有零星出露，灰、紫灰色，少斑结构、基质具交织结构，块状构造；斑晶为斜长石1%～2%、暗色矿物1%～2%；斜长石半自形板柱状，偶见钠长石双晶，粒径0.5～2 mm。暗色矿物已全部暗化，保持有板片状和横切面六边形假象轮廓，推测为黑云母。斑状结构的基质主要由斜长石针条状微晶组成，其次为石英和少量金属矿物，斜长石大致呈半平行排列，其空隙间分布有金属矿物微粒构成交织结构，石英呈细小粒状或他形不规则状包含斜长石微晶构成嵌晶。

（3）安山岩：分布在巢湖姥山、孤山一带，在肥东县嫘百泉有零星出露，灰、紫灰色，斑状结构、基质具交织结构，块状构造；斑晶为斜长石5%～10%、黑云母2%～3%；斜长石半自形板柱状，钠长石双晶常见，部分可见隐约环带构造，粒径0.5～1.5 mm，偶见2.5 mm。黑云母棕褐色板片状，横切面六边形，大部分已暗化。斑状结构的基质主要由斜长石组成，呈针条状微晶，大致呈半平行排列，其空隙间分布有金属矿物微粒构成交织结构。

（4）粗面质角砾熔岩：灰、紫灰色，角砾由粗面岩组成，粒径大小0.3～5 cm；含量75%～80%；角砾呈棱角状，胶结物为流纹质熔岩20%～25%；流纹质熔岩由细小的夹长石和石英组成，粒径0.01～0.05 mm。

（5）粗安质凝灰岩：分布在袁家山、双山一带，岩石呈灰紫色，凝灰结构，块状构造；斑晶由长石（斜长石为主）10%～20%、黑云母3%～5%组成，基质为隐晶质。

（6）粗安质凝灰角砾岩：分布在袁家山、双山一带，角砾结构，块状构造；角砾成分：粗安岩、安山岩及花岗质片麻岩、二长花岗岩等，角砾主要呈次棱角状，少量棱角状；大小一般2～5 cm，大者达15 cm，含量50%左右；凝灰胶结。

（三）变质岩

区内变质岩主要出露在巢湖东岸的鸡鸣山—沙二岗一带，岩性类型为大理岩、磷灰岩、斜长角闪（片）岩、黑云斜长片麻岩、角闪斜长片麻岩、斜长片麻岩、石墨片岩等。

（1）大理岩：双山岩组的主要岩性，岩石呈灰、灰白及淡玫瑰色，粒状变晶结构、块状—条纹状构造；矿物成分主要为方解石、白云石（75%～99%），有时含透闪石、镁橄榄石、白云母、磷灰石，有机质及陆缘碎屑物等；常有蛇纹石化蚀变、矿物间相对含量变化较大，局部夹有硅质条带。主要岩石类型有大理岩、含石英大理岩、透闪石大理岩、蛇纹石化镁橄榄石大理岩、白云质大理岩、含透闪石灰质白云石大理岩及白云石大理岩等。

（2）磷灰岩：分布于双山岩组内，呈似层状、透镜状分布于大理岩中。岩石呈灰黄、淡黄色，粒状变晶结构、块状构造，少量呈条纹状构造；主要矿物有磷灰石(大于70%)、长石、石英(15%~30%)等,含少量绿帘石、榍石及磁铁矿,个别可含少量胶磷矿。岩石达到工业品位,可作磷矿体开采。

(3)斜长角闪(片)岩:分布在大横山岩组中;灰绿、灰黑色,细粒粒状柱状变晶结构、块状—片麻状构造,少数为片状构造;主要矿物:角闪石50%~80%、黑云母0~15%、斜长石15%~40%、石英0~8%及少量金属矿物组成。矿物粒径0.1~0.5 mm。副矿物有榍石、磁铁矿、绿帘石、磷灰石等。

(4)斜长片麻岩:分布在大横山岩组中;浅灰—灰色,中—细粒鳞片粒柱状变晶结构、片麻状构造;矿物成分主要为斜长石45%~75%,石英20%~50%,镁铁矿物以黑云母、角闪石为主,角闪石、黑云母绿泥石化明显,副矿物主要有磁铁矿、绿帘石、榍石及磷灰石等。依据次要矿物相对含量可分为黑云斜长片麻岩、角闪斜长片麻岩、斜长片麻岩。

(5)石墨片岩:分布在霍邱岩群中,灰黑色,中粒鳞片状粒状变晶结构、片状构造;矿物成分有石墨45%、石英55%;石英被拉长呈长透镜状分布在岩石中,岩石中发育有膝折。

第十章　湖泊地质作用及环境地质

一、概况

巢湖是我国第五大淡水湖,是在喜马拉雅期断裂构造运动下形成的断陷湖,主要控制断裂有两组,一组为北东向,一组为北西向。巢湖常年平均水域面积750 km²,平均水深2.89 m,最大水深3.76 m,多年平均水位8.37 m,历史最高水位12.93 m(1954),最低水位4.00 m(1960)。自1963年巢湖闸建成后,巢湖历年实测最高水位12.71m(1991年7月14日),最低水位6.47 m(1978年11月9日),巢湖的水位变化常常受人为调节因素的影响。巢湖湖底平坦,平均底坡为0.96%,高程变化在5~10 m,岸线曲折,岬湾相间。湖盆地势西北高、东南低,向东南倾斜,深水区集中在东部,高程5 m;西部湖床较东部浅,高程一般在5.5 m以上。

巢湖周边河流水系发育,大部分集中在西北部,主要有杭埠河、南淝河、丰乐河、白山石河、派河、裕溪河等35条河流,它们大都分布在巢湖的西部和西南部。在巢湖东部的裕溪河是巢湖唯一的通江水道。一般来说,入湖河口都发育了水下三角洲,尤以杭埠河一带最为显著。目前各河口仍在不断淤塞。

二、湖泊的地质作用

湖泊地质作用一是受物源影响,二是受水动力条件控制。巢湖湖岸由于湖泊侵蚀的结果,岩嘴伸入湖中成半岛,洼地凹入内陆,形成湖湾。湖岸按其形态结构的不同,可以分为以下类型:一是石质湖岸,指岩嘴伸入湖中的湖岸,岸壁一般较短,受风浪淘蚀,发育有浪蚀穴,如中庙嘴、槐林嘴、红石嘴、青龙嘴、黑石嘴、龟山嘴等;二是砂土质湖岸,这类湖岸由于土质疏松,透水性强,一般经湖流和波浪的短期冲刷,就可形成宽阔的浅滩,使岸线日趋稳定,巢湖多数湖岸属于此类型;三是黏土质湖岸,岸线平直少湾,属稳定型,它主要分布在烔炀河口以南至芦席嘴、下派河南部一带。另外,下派河至新河口一带属一段沼泽湖岸。

在四顶山—中庙段,湖岸地势较高,地表河流不甚发育,外动力地质作用以湖泊地质作用为主,主要是湖泊的剥蚀作用和沉积作用,湖泊作用与地面河流及地面径流等作用,改造着湖岸地貌。

在中庙—四顶山一带湖岸岩石比较坚硬,抗风化,主要为酸性侵入岩、中性喷出岩、少量中生代红层,形成比较陡的湖岸地貌,形成浪蚀崖、浪蚀穴,湖岸沉积物为砾质和砂质。在第四系沉积区或者抗风化能力弱的沉凝灰岩地段则形成软弱的湖岸,发育泥质沉积。在吴大海至靠山杨一段湖岸线平直,在泥质边岸地带发育有生物沉积,砂质沉积地段发育湖岸阶地,如图10-1、图10-2所示。

图 10-1　湖岸生物沉积

图 10-2　湖岸阶地

三、环境地质

巢湖沿岸土地肥沃,多数地段以泥质湖岸为主,一般湖岸较不稳定,容易遭到湖泊的侵蚀或者地面径流、河流的冲刷,发生岸崩,使周围的农田遭受破坏,湖泊淤积。局部甚至发生小型滑坡,如图10-3所示。

图 10-3 湖岸滑坡

第十一章　郯庐断裂带糜棱岩情况

一、概况

郯庐断裂是濒西太平洋东亚大陆边缘上一系列北北东向断裂系中一条巨型断裂带。它南起长江北岸的湖北广济,经安徽太湖、潜山、庐江、肥东、嘉山,江苏泗洪、宿迁,山东郯城、潍坊而穿渤海,过沈阳后分为两条,即西支的依兰—伊通断裂带和东支的密山—抚顺断裂带,总体呈北北东向延伸,中国境内长达 2 400 km,总体走向 25°～40°,平移形态呈缓"S"形,如图 11-1 所示。

郯庐断裂带在安徽段北部出现在合肥盆地与张八岭隆起带之间,安徽肥东段发育十分典型,露头较好,各种断裂变形现象典型、直观,是地学专业学生实习的天然实验室,故选择巢湖庙岗西韦剖面。

郯庐断裂带断层岩主要有两种类型:韧性走滑剪切形成的糜棱岩系列、拉张作用挤压作用形成的碎裂岩系列。断裂带性质有三种类型,即走滑期的平移断层、伸展期的正断层以及挤压期的逆断层。

郯庐断裂带经历了晚三叠至晚侏罗世走滑运动、晚白垩世至早第三纪以来的挤压逆冲活动"四部曲"的演化。这"四部曲"的演化与中国东部大地构造演化规律一致,主要受控于太平洋区板块运动所产生的区域应力场。

郯庐断裂带的规模平移结果,使中国东部前期构造单元被左型错移,断裂带本身构成了一级或二级构造单元的边界。最突出的是安徽段,其将原先近东西向、统一的大别—胶南(苏鲁)造山带左型错移达 550 km。而胶南(苏鲁)造山带向北错移过程中又发生了牵引弯曲,使两造山带之间沿郯庐断裂带残留了北北东向延伸的张八岭隆起带。

郯庐断裂带由于平移运动中的走滑隆升和后期断陷活动中的差异性抬升,在现今断裂带上的地表(非盆地区)主要呈现为北北东向的走滑糜棱岩带。尤其在大别造山带的东缘和张八岭隆起带的南段,陡立的走滑糜棱岩、超糜棱岩大量出露地表。而现今断裂带出露的较浅层次,走滑构造主要表现为一系列北北东—北东向的陡立左型平移断层,如张八岭隆起带北段的张八岭群出露处。同样在山东段,野外也可见大量的走滑糜棱岩带、超糜棱岩带出露地表。

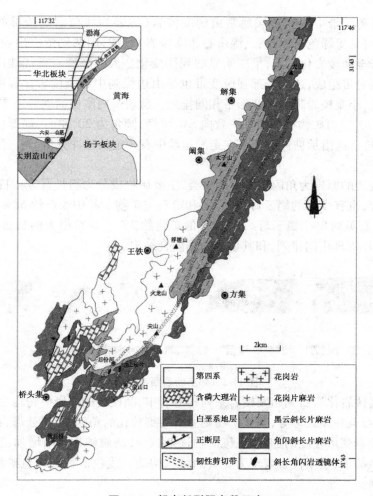

图 11-1　郯庐断裂肥东段示意

二、巢湖庙岗乡西韦剖面糜棱岩带

西韦剖面地处巢湖市庙岗乡西韦村,位于浮槎山东南麓。隶属张八岭隆起带南部浮槎山段,郯庐左旋走滑韧性剪切带的东部。韧性剪切带主要发育在肥东群角闪岩相变质杂岩之中,其原岩为角闪斜长片麻岩和花岗片麻岩类。西韦剖面以出现较大规模的暗色超糜棱岩为特征,一系列采石场将韧性剪切带很好地暴露出来(见图 11-2)。约 500 m 宽的采场露头上,可见 5 条以上的韧性剪切带,带宽不一,由不足 1 m 到几十米宽由未受糜棱岩化影响的角闪斜长片麻岩—糜棱岩化角闪斜长片麻岩—初糜棱岩—糜棱岩—超糜棱岩组成。

韧性剪切带中强变形域通常由超糜棱岩(主要为浅色富绢云母的超糜棱岩,局部可见墨绿色富绿泥石、绿帘石超糜棱岩)组成,向两侧依次出现糜棱岩、初糜棱岩至糜棱岩化岩石,呈现明显的规律变化。大的糜棱岩带往往由若干条小的糜棱岩带组成,这些局部强应变带也是由边缘到中心糜棱岩化程度逐渐加强的特征,小糜棱岩带和弱变形带相间排列。剪切带内糜棱面理普遍东倾,倾角为50°~70°。而矿物拉伸线理一致向SW缓倾,倾角为20°左右,局部出现了约40°的倾角。这指示韧性剪切带在走滑运动中有一定的逆冲分量,为一压性剪切带。

糜棱岩的原岩为角闪斜长片麻岩类,主要矿物成分为斜长石、角闪石、石英、黑云母等,也有少量的绢云母、绿泥石和帘石类矿物。其中长石约68%,角闪石约15%,石英约8%,黑云母约6%,其他矿物约3%。颗粒粗大的长石(可达厘米级)沿片麻理定向排列,和其他矿物呈嵌合结构。

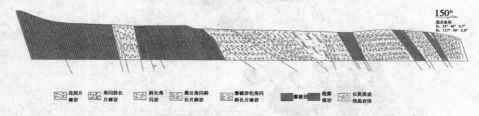

图 11-2　郯庐断裂西韦剖面

从糜棱岩化岩石到超糜棱岩系列构造岩中,糜棱岩的残斑矿物均为角闪石、斜长石、石英和黑云母等,基质矿物则主要为细粒化的角闪石、黑云母、石英和帘石等。随着变形程度的加深,残斑矿物逐渐减少,基质矿物逐渐增加,且应变分带也逐渐加强,超糜棱岩表现为显著的带状构造。浅色矿物和暗色矿物呈带状相间排列。

第三篇　区域地质调查工作方法

第十二章　区域地质调查工作程序

一、概述

区域地质调查是地质工作的先行步骤,是一项具有战略意义的、综合性的基础地质工作。其主要任务是在选定的地区范围内,运用地质理论和各种技术手段,全面系统地进行综合性的地质矿产调查研究工作。也就是通过区域地质填图(测量),查明区域内地层、岩石、构造矿产、水文地质和地貌等基本特征及其相互关系;探索和查明各种矿产的成矿地质条件和分布规律,检查或重点评价矿产的赋存情况;圈出远景区或预测区,指出进一步找矿方向,并为资源和环境科学提供基础性资料,为国民经济建设、国防建设和国土整治及科学研究等提供最重要的基础地质资料,为上层决策者提供理论依据。

根据地质调查工作的精度要求,通常分为小比例尺(1:100万、1:50万)、中比例尺(1:20万、1:10万)和大比例尺(1:5万、1:2.5万)三种类型。

二、区调工作程序

区域地质调查工作的一般程序可分为:项目设计、野外工作、成果报告编写、成果验收出版和资料归档5个大的阶段,如表12-1所示。

三、传统区域地质调查工作的基本方法

根据区调工作不同阶段的工作内容,其工作方法各不相同。现分别介绍如下。

表 12-1　区域地质调查的一般工作程序

工作阶段		主要工作内容
设计工作阶段	资料收集	全面收集前人研究资料、地形底图、高程点数据等
	短期实地踏勘	了解工作区自然环境、工作条件、基本地质情况等
	设计编写	编制设计图件(研究程度图、地质草图、工作部署图等); 编写设计(在短期踏勘的基础上); 设计审批(含审查、修改、批准)
野外工作阶段	野外地质踏勘	确定实测剖面位置
	实测地质剖面	地层剖面:各地层单元的岩石组成、岩相、接触关系; 构造剖面:产状要素、构造性质、运动方向、规模等
	地质填图	路线地质填图; 路线检查及专题研究; 补测剖面
	野外资料整理及野外验收	野外资料综合整理、检查; 编制实际材料图、剖面图和野外验收用地质图; 编写野外验收报告; 野外验收后补做野外工作
成果编写阶段	最终室内资料整理	野外原始资料、成果资料的综合整理、研究; 对所有原始资料进行系统的核对检查,填写质检表
	成果图件编制	作者原图的编制(或数字地质图的编制)
	说明书与报告	图幅上说明书与测区(联测)地质报告编写
最终成果验收阶段	成果验收出版	最终成果验收,验收后修改出版
资料归档阶段		对全部原始资料和成果资料按相关要求立卷归档

(一)设计工作阶段

区调设计是开展区域地质调查工作的重要环节。应针对任务书下达的任务要求,系统地收集并综合分析研究测区内和邻区前人工作成果资料(必要时可作短期实地踏勘),以便对测区内的交通、地理、地貌概况,前人工作程度,区域地质背景及测区地质矿产情况获得比较全面的了解,从而制订出切合实际的野外工作方案,有效指导测区地质调查工作有条不紊的进行。设计阶段的工作内容主要包括资料的收集、资料整理与综合研究、设计前的野外踏勘和地质调查设计书的编写。

1. 资料的收集

地质调查前应系统地收集区域内和邻区前人工作成果资料,以便对调查区内地质矿产情况获得初步了解,并结合实际情况进行去粗取精、去伪存真的综合分析研究,总结前人工作的经验教训,从而制订出合理正确的工作方案,使区域地质调查工作重点明确、针对性强,避免盲目性和少走弯路。资料收集的内容如下:

(1)地形底图。

区域地质调查野外工作所用地形底图的比例尺至少要比最终成果图的比例尺大1倍。如,1:20万区域地质调查使用1:10万或1:5万地形图,1:5万区域地质调查使用1:2.5万或1:1万地形图。

1:5万地质图和矿产图的地理底图采用国家测绘局出版的1:5万地形图或国家地理信息中心提供的1:5万矢量化地形图(数据)。野外工作底图(野外数据采集手图)采用符合精度要求的1:2.5万的(矢量化)地形图。此外,还应准备调查区四周邻幅的地形图。

(2)航空相片和卫星相片。

航空相片、卫星相片所提供的信息对区域地质调查非常有价值。由于卫星相片拍摄的面积大,视域广阔,因而可以从宏观上反映地质现象的空间分布特征和相互关系,可以一目了然地看出调查区所处的构造环境,构造格架的轮廓和特点,特别是构造单元的划分,区域性线性构造和环状构造等反映得异常清楚。

卫星相片具有较强的透视信息效果,可以较好地反映深部特征或隐伏构造。因此,在区域地质调查工作之前,收集和研究有关卫星相片等资料,是区域地质调查的一个重要技术手段。

由于卫星相片比例尺小,不能反映更多的细节,不能代替常规的航空地质摄影资料。因此,有关调查区的所有航空摄影资料,只要对地质矿产调查有用,均应尽可能收集。野外用航空相片的比例尺,至少要大于地质调查比例尺1倍以上,以便于在相片上定点和圈定地质界线。

(3)工作成果资料。

工作成果资料包括各种地质调查、矿产普查勘探,航空及物探、化探,水文地质及其他专题科学研究等的报告,已发表或未发表的论文,图件以及有实际资料的档案。顺带提出"口头"资料也是新发现的重要线索。

此外,前人在调查区内采集的矿物、岩石、古生物等标本和薄片,已有钻孔的岩芯以及邻区的有关标本等实物资料,调查区内的自然、经济、地理资料,工农业生产有关情况都应收集。

2. 资料整理与综合研究

1)地球资源卫星相片和航空相片的地质解释

对测区收集的卫星相片(卫片)和航空相片(航片)进行初步的地质解释。

2)地质矿产资料的整理评价和综合研究

对收集来的地质矿产资料进行综合研究和评价,吸纳其有用成分,作为指导设计和以后工作的依据。其具体内容如下:

(1)详细了解前人在调查区内所做过的工作,有关资料和图件,工作精度及其效果,可供利用的程度;编制地质矿产研究程度图。

(2)基础地质资料的整理和研究。着重弄清前人对调查区地质和矿产的认识程度。找出存在的问题,确立需要进一步研究的内容,编制地质草图和工作部署图等。

(3)自然资料的整理研究。对调查已知的各种资源(矿产、旅游等),逐一记录,编制登记卡片,对所有的物探、化探异常也应进行登记。编制自然资源分布图和开发预测图等。

3. 设计前的野外踏勘

通过室内收集阅读和综合分析前人资料,对测区有了初步了解,但还缺乏感性认识。所以在设计编写前,应组织有关人员对测区作实地踏勘。目的是对测区的交通、自然地理和经济地理情况、主要地质特征和资源情况等进行现场观察了解,为设计提供直接依据。

4. 地质调查设计书的编写

在上述三步工作之后,开始编写地质调查设计书。设计书是根据上级下达的任务和规范要求,结合测区实际情况制订的工作方案。批准后的设计书是进行野外地质调查、检查完成任务情况和验收评价成果质量的主要依据。

区调设计书一般应包括:任务书及任务要求,工作区范围、地质概况及存在问题,技术路线、方法及精度要求,总体工作部署及安排,组织管理及保障措施,质量管理与监控,预期成果、经费预算和设计附图等基本内容。

(二)野外工作阶段

野外地质调查是获取第一手地质资料的重要途径。区调填图就是在一定的区域范围内,按区调填图的规范要求,通过对各地质点、线的观察、记录描述和研究,采用各种统一规定的符号、色谱和花纹,按一定比例尺将野外的各种地质体、地质要素、构造现象等内容如实填绘到地形图上的工作。地质图是反映一个地区地质情况的综合性图件,也是区调工作要完成的主要任务之一。野外地质调查工作包括地质踏勘、实测剖面、路线填图和野外资料整理及野外验收。

1. 地质踏勘

野外地质踏勘的目的是了解测区各类地质体的主要特征、展布、接触关系、构造特征等基本地质情况,为选择实测地质剖面,统一岩石地层填图单元的划分方案,检查遥感解译效果,补充建立解译标志,合理布置填图路线,选择野外工作基地等打基础。

踏勘路线的选择要求为尽可能垂直测区地层走向或主构造线方向,交通便利,露头连续,地层发育齐全,接触关系清楚,构造相对简单的区段。踏勘路线的多少可根据地层出露情况、构造复杂程度、工作区范围大小和工作精度等具体情况而定。

2. 实测剖面

野外地质踏勘结束后,在沉积岩区可先测剖面后填图,变质岩区则先填图后测剖面。实测剖面应尽量选在交通便利、露头连续、地层发育齐全、接触关系清楚、构造相对简单的地方。通过实测剖面研究,建立测区岩石地层填图单元划分方案,统一单元划分标志。具体方法见第十五章。

3. 路线填图

路线填图是完成区调填图面积任务的重要手段。路线填图就是通过选择一定的路线和观查点进行系统的野外观查、描述记录和研究,实现由点到线,再由线到面完成地面地质调查的基本方法。具体方法见第十三章。

4. 野外资料整理及野外验收

这里讲的野外资料整理,是指对整个野外工作阶段所形成的野外资料进行的综合性整理和检查。包括对图区所有的野外记录本、手图、航片、实测剖面资料等进行全面核检,编制实际材料图、剖面图、地层柱状图和野外验收用地质图,编写野外验收报告等提请野外验收。对野外验收中提出的整改问题进行适当野外补做工作后,可转入成果编写阶段。

(三)成果编写阶段

在以野外验收为标志的野外工作结束后,进入区域地质调查工作的成果编写阶段。其内容包括最终室内整理与综合研究、最终地质图(作者原图)的编制、区域地质报告和地质图说明书的编写。

1. 最终室内整理与综合研究

资料的整理工作一直贯穿于整个野外地质调查的全过程,这里提及的最终室内资料整理是指所有野外工作结束后的全面资料整理。包括:

(1)对野外全部原始资料进行系统的整理和清理。野外原始资料包括各类文字资料(记录本、记录表、小结、总结、鉴定报告等)、图件资料(野外手图、航片、实际材料图、实测剖面图、柱状图、随手剖面图、素描图、照片等)和实物标本、薄片、副样等。

(2)全面审核各项分析鉴定成果。对结论正确的分析鉴定成果要在原始资料中加以批注。

(3)全面审核实际材料图、野外地质图内容的完备性,以及图面结构的合理性。

(4)全面开展图幅内地层、沉积岩、变质岩、岩浆岩、构造及矿产的专项综合研究。

2.最终地质图的编制

1)手工编图

(1)为了使地质图上所标地质内容位置准确、图面清晰,必须使用符合测绘精度的地形底图,并将地形等高线和部分注记内容舍去,形成符合精度要求的简化地形图,并裱板。

(2)在野外实际材料图和地质图的基础上,拟定最终地质图的图面表达内容、地质体的取舍、归并和扩大表示方案,并将各种地质界线、地质产状和代号、采样点、化石点、矿点等内容按地质图编绘规范,精确地转绘到裱好板的简化地形底图上,形成作者原图的主图。

(3)拟定综合地层柱状图、综合图例、编绘图切剖面、责任栏,并按照图名在正上方,综合地层柱状图在左侧,综合图例在右侧,图切剖面在正下方,责任栏在右下角的摆放原则,形成出版原图。

2)数字地质图编制

将野外手工填图的资料数据化,或者将野外数据填图的内容导入计算机进行处理。

3.区域地质报告和地质图说明书的编写

在完成地质图件编制工作后,就可开始地质图说明书和区域地质报告的编写。这既是对野外地质工作的全面总结,又是对野外观察资料和室内各种测试分析资料的综合分析研究,并从理论上系统地分析讨论研究区地质发展演化历史的全过程。一般以区域地质调查报告为主,在综合研究报告的基础上缩写地质图说明书。

(四)最终成果验收阶段

通过室内综合整理阶段,在完成区域地质调查报告和地质图说明书的编写后,进入最终成果验收阶段。即将出版的地质编稿原图、区调报告和地质图说明书全部提交给成果验收组,由验收组专家对成果完成的质量、取得的重要进展、存在的问题等做出全面的评价,并对是否通过验收做出结论。对通过验收的项目,方可对成果资料进行正式出版,对原始资料进行归档。未通过验收的项目,必须补做工作,等待再次验收。

(五)资料归档阶段

在最终成果通过验收后,要对区调项目中形成的全部原始资料进行整理归档。首先由档案室分给一个档案编号,项目组再将全部原始资料按文、观、测、图等进一步分类编号,装盒并归档。其中的"文"字号档案主要包括项目任务书、野外验收意见书、最终成果验收意见书、上报的各种报告和批复意见等文件性材料;"观"字号档案包括所有实际观测的原始资料,如记录本等;"测"字号档案包括各种测试鉴定的报告的原件;"图"字号档案包括各种原始图件、航片、照片等,如野外用手图、实际材料图、作者原图、成果图、野外照片册、航片等。一项区调项目,只有通过最终成果验收,将全部原始资料和成果资料归档,并拿到档案室出具的档案归档证明后全部工作结束。

第十三章　地质测量(填图)方法

地质测量是由地质工作者在工作区范围内,选择一定的观测路线和观测点对地质露头进行系统的观测、研究和描述,并通过一定的方法,采用各种符号、色谱和花纹,按一定比例尺将出露在地表的地层、岩体、褶皱、断裂和矿产等概括地投影到地形图上的工作。地质图是反映一个地区地质情况的最基本的图件,是区测工作要完成的最主要任务之一。

一、观测路线的布置原则和方法

选择一定的路线和观测点进行系统的野外观测,是地面地质调查的基本方法。为了尽可能地做到跑最短的路线,而又能观测和收集到尽可能多的地质信息,就必须根据具体的任务和要求,使路线的布置与基地的选择和搬迁做到紧密合理。同时,还要考虑到构造性质和构造的复杂程度。

观测路线的布置有两种方法。

(一)穿越法

填图路线基本上垂直地层走向或区域构造线方向,按一定的间隔穿越整个调查区,研究地质剖面,标定地质界线。而路线与路线之间的地质界线则按"V"字形法则来联绘。

此法优点是较易查明地层层序、接触关系、岩相纵向的变化以及地质构造的基本特点,且工作量较少,而获得的资料信息较多。缺点是两条路线之间的地质界线不能直接观察到,所联绘的地质界线难免与实际有出入;对岩相、厚度沿走向的变化不易查清,且有可能漏掉小的地质体、矿点、横断层等。填图比例尺越小,路线间距越大,上述缺点越明显。

(二)追索法

追索法是沿地质体、地质界线或构造线的走向布置路线,适用于对岩体、断层、含矿层、标志层、地层不整合界线等的追索。其优点是可以细致地研究地质体的横向变化,特别是对确定接触关系、断层和含矿层的研究;可以准确地填绘地质界线,有利于研究专门问题。其缺点是工作效率低。此法多用于大比例尺的矿区填图。

实际工作中,两种方法常配合使用。在一些穿越路线上,为了确定接触关系或横向变化,经常需要向路线两侧作短距离的追索;在追索路线上,为了解地质体纵向上的变化,如了解岩体由边缘至中心岩性、岩相的变化,就需配合穿越路线。

穿越法和追索法都是指观测路线相对于地质构造走向线的关系而言的。其布置是以预期要解决的地质任务为根据的。在这个前提下,还必须考虑自然地理条件(如逾越情况)、露头情况等因素。总之,观测路线的布置必须因地制宜、灵活多变,以满足调查比例尺的精度要求,又能发挥最佳效率。

每一条观测路线的布置都应有既定的目的和任务。一般地说,经过航空相片的初步解释和踏勘之后,每条路线的内容都是预先设计的。

二、填图路线上观测点的布置原则和标定方法

(一)填图路线上观察点的布置原则

首先是以不同比例尺的填图精度要求,确定相应的点间距;其次能有效地控制各种地质界线和重要的地质现象。一般情况下,地质观察点应布置在填图单位的界线、标志层、化石层,岩性和岩相突变的地方;矿化现象、蚀变带、矿体边界;褶皱轴部及转折端,断层、节理、劈理、片理等构造发育处及岩层产状急剧变化处,以及河流冲沟切割的剖面和采石场等人工露头处。此外,还有水文、地貌、风景、出土文物地点等位置上,切忌机械地等距离布点。

(二)地质观察点的标定方法

将野外地质观察点的位置准确标定在地形(手)图上的过程称为定点。图上点位的精度要求是允许误差不得超过 1 mm。

常用的定点方法有三:

(1)目测法。它是最简便的方法。当地形地物特征显著,如烟囱、桥、涵洞、孤立大树、凉亭、坟包、独立石等,选择其中离点位最近的一个地物,用罗盘定点法,目估点位与物之间的实际距离,按比例在地形图上定出点位。这种方法相对粗糙,但在填图过程中是不可缺少的。特别是在沟谷或悬崖等不开阔处无法用GPS 和罗盘定点时,就只能用目测法了。

(2)交汇法。当地形特征不明显时,可采用交汇法,就是用已知地物点的方位来交汇待定点的位置。先在待定点的周围找出三个或三个以上明显的地形或地物标志(如三角控制点、桥头、尖峰、烟囱、独立石等),用罗盘仪测出待定点位于已知地形地物的方位,再用量角器在地形图上分别从三个已知点按所测方位角向中心交汇,三线交点即待定点位置(见图 13-1)。事实上往往交汇出一个三角形。如果三角形不大,则取其重心作为点位。如果三角形太大,则要重新交汇。

(3)GPS 法。它是利用遥感卫星定位测定仪,直接定量测定某点的经度、纬

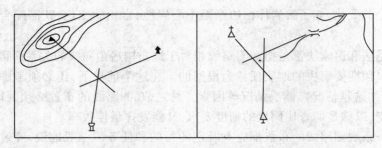

图 13-1　后方交汇法标定观察点位置

度或者大地坐标。在信号条件较好的情况下,使用非常方便。

在用目测法和后方交汇法选用已知地形、地物点时,要注意以下几点:

(1)选用的目标不能太大。如选尖山峰,而不能选平坦的山峰,否则方位不准、误差较大。

(2)选用的已知点与观测点之间距离要大致相等,如果距离悬殊过大,也会出现较大的误差。

(3)选用已知点方向线之间夹角应尽可能大于 45°(补角小于 135°),以减少绘图时产生的误差。

三、观测路线和观测点的密度定额

观测路线和观测点的密度定额是地质测量的质量标准。

《1:5万区域地质矿产调查技术要求》规定:基岩区线距一般为 400~800 m,点距 300~500 m。在有航片解释程度较高的地区,岩性单一的地层或出露较宽的地区,其线、点距均可适当放稀。大片第四系分布区,其线距可放宽至 1 000~1 500 m。

1:5万地质图,只标定直径大于 100 m 的闭合地质体;宽度大于 50 m,长度大于 50 m 的线性地质体;长度大于 250 m 的断裂、褶皱构造。小于上述规模的直接、间接找矿标导和具有特殊意义的地质体适当放大或归并表示。

基岩区内,面积小于 0.5 km^2 和沟谷中宽度小于 100 m 的第四系,在图上仍按基岩填绘。大片第四系覆盖者,在物探、化探工作的基础上,可酌情布置工程予以揭露。

分层界线、接触带、化石层、标志层和矿化标志等,其标定误差不得大于 50 m。

四、路线地质观测程序、内容和编录方法

(一)路线地质观测点的一般观测程序

(1)标定观测点的位置。

（2）研究与描述露头地质特征和地貌。

（3）测量地质体的产状要素及其构造要素。

（4）采集标本和各种样品。

（5）追索与填绘地质界线。

（6）沿前进方向进行路线观测和描述，并测绘路线地质剖面图（信手平剖面图或素描剖面图）。

（二）地质路线的观测内容和要求

由于地质现象纷繁复杂、丰富多彩，因此很难用一个统一的、公式化的要求来表达每条观测路线。在野外进行地质观测研究的过程中，必须坚持严肃认真、实事求是的科学态度；坚持实践第一的观点，重视第一手资料，客观地反映实际情况，不能对现象的取舍带有主观随意性，应该勤追索、勤敲打、勤观察、勤测量、勤编录。在调查过程中，还必须对所观察到的资料和数据，不断地进行分析综合，勤思考，这样不仅可以对发现的问题随时做出正确的判断或提出解决问题的方案，及时在现场进行检查和验证；还可以对前进途中可能出现的情况做出预计，提高路线调查的预见性和主动性。

在进行地质现象的观测研究与描述时，不要仅仅局限于观测点上及其附近，还应当在路线上连续地进行地质观测。即应当详细观测和描述完一个观测点后，沿路线，都应该连续观测和记录到下一个观测点，以便了解地质要素在点与点之间的变化情况。如果孤立地进行点上的观察和描述，中间缺乏足够的系统性、综合性的路线观察资料，将很难对区域地质特征得出完整的认识。

（三）路线地质观测编录方法

关于野外地质观察记录，要求对观测点和观测路线上所见到的全部客观地质现象都要进行仔细地、全面的观测记录，不得轻易放过任何一种地质现象，哪怕是最普通的地质现象。

文字记录要措词准确、充实，避免要领含糊，词不达意，语言不详等毛病。注意重点突出，主次分明，对重要的地质现象或首次观察到的现象要详细记录，表达重要特征；对一般或多次见到的地质现象则可以简略一些，重点记录其出现的特殊性或变化情况。此外，也应该记录观察者对客观地质现象的分析和判断，推理和综合归纳。但在文字上必须明确区分开来，使人一目了然地知道哪些是第一手资料，哪些是推理判断的资料。

每条路线结束后，都应该作路线地质小结，以便及时总结规律，发现问题，深化认识，为下一步工作方案提供依据。

观测和描述应在现场进行，地质工作者最忌讳仅依靠记忆，在离开现场或回到室内再作补写。

1.地质观测点的描述内容

（1）日期、天气情况。

（2）路线与任务。

（3）人员分工。

（4）点号，即观测点的编号，用调查区统一的编号注明，并写出该点所在图幅的名称。

（5）点位及高程，要写明观测点的地理位置和坐标网及构造部位以及后方交汇方向。高程则根据气压计或实际交汇等确定，在记录时应予以详细说明，以便使人们了解其可靠性。

（6）点性或目的。目的指需要解决什么问题。如主要是描述标志层及其变化、地层界线和接触关系，还是观察褶皱或断裂构造等。

（7）露头情况。描述观测点附近的露头好坏、出露哪些地层、露头性质（天然露头还是人工采石场），露头面积大小，延伸情况，风化程度和植被覆盖等情况。

（8）地貌特征。描述观测点附近的地形形态特征。如是山坡、山脊、陡崖或冲沟等，组成的岩性、成因及其与地质构造的关系。

（9）岩性描述。一般描述的顺序是由老到新，但也可以反过来描述。首先应将界面上下两地层单位的接触关系和时代略加说明，然后分别描述其岩性和其他特征。

（10）沿途描述和路线小结。当一个观测点描述完后，应该连续观测描述到下一个观测点；当一条路线观测完后要认真作出路线小结。这样可以及时地使野外资料得到系统化，使原始记录成为一个有机的整体，而不是一些孤立的地质点的描述。

地质观测点的记录格式和描述举例参见图13-2。

2.地质素描

在野外地质编录中，除文字描述外，还必须绘制路线地质剖面图或信手剖面图和各种地质素描图，还可以绘制路线地质图，使图文并茂、相互印证。

（1）路线地质剖面图或信手剖面图，是在野外路线观测过程中连续勾绘的地质剖面图。它的精度不高，其距离和高差是目估或步测的，可反映观测路线上褶皱、断裂、岩体等地质体在空间上的特征及其相互关系。

（2）路线地质图，实际上是一条观测路线的平面图，将一系列连续的路线地质图组合起来，就构成了一幅地质图。当逾越程度不良、观测路线为折线时，路线地质图就比信手剖面图优越些。

（3）地质素描图，有两种：一种是用花纹图例表示地质内容的平面图像素描

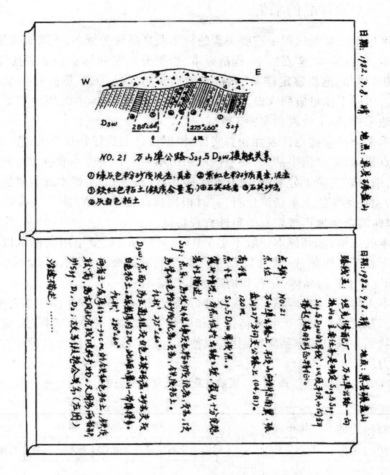

图 13-2　地质观测点的记录格式和描述（合肥工业大学）

图,其立体感稍差,但地质内容比较鲜明突出,如平面素描图、剖面素描图、露头素描图等;另一种是主体图像素描图,用于反映区域构造或地貌;近景素描图,用于小型构造,各种接触关系,标本或露头的特写素描(相当于静物写生)等。

3. 地质照相与摄影

地质照相、摄影比素描更真实准确、简单方便,所以也是地质编录的重要手段之一。但因自然界各种景物的干扰,照片往往出现地质主题不突出的缺陷,所以地质摄影不能代替地质素描,倒是经常以地质素描作为补充。如果地质素描以相片为依据,则素描更准确,效果更佳。

五、标本及样品的采集

在区域地质测量过程中需要采集的标本及样品种类繁多,主要有地层标本、岩石标本、化石标本、矿石标本、构造标本、岩组分析定向标本和硅酸盐分析(全岩分分析)样品、孢粉鉴定样品、同位素地质年龄样品、人工重砂样品及古地磁样品等。采样工作量应列入设计项目,针对某项样品或标本的用途和要求进行有目的地采样、加工处理和实验工作。

标本采样时应注意代表性和真实性,根据设计书的任务和要求,选择有利合适的地点采样,不可信手拈来,甚至捡取来历不明的岩块。一般供鉴定原始成分的样品,采样岩石应十分新鲜,没有次生破坏或混入物。手标本即观察标本或陈列标本,也要尽可能采集新鲜岩石,有时根据特殊要求,最好能适当保留一点风化面,以便能全面地再现岩石的野外直观特征。

标本的规格,陈列标本一般不小于 $9 \times 6 \times 3\ cm^3$;供鉴定用的标本以能反映实际情况和满足切制片、薄片以及手标本观察的需要为原则,一般不小于 $6 \times 4 \times 3\ cm^3$;对于矿物晶体,化石和构造标本规格不限。

标本采集后,应立即填写标签和进行登记(见表 13-1),并在标本上编号,以防混乱。在记录本上应记明采样位置和编号。送实验室的岩矿样品,应附剖面图或柱状图。送出的样品应留副样,以便核对鉴定成果,帮助提高对标本的肉眼鉴定能力。

表 13-1　观察点及标本、样品登记表

			坐标			标本、样品、照片编号							
路线编号	观察点号	点的性质	X	Y	产状	标本	化石	薄片	光谱	年龄	照片	其他	备注

幅　　　　　　　　　　　　　　第　页

单位:　　　　　填表人:　　　　　　年　月　日

第十四章　岩石学研究方法

一、沉积岩的野外观察和研究

（一）沉积岩野外观察和研究的内容

1. 主要观察内容

（1）颜色：原生色、次生色。

（2）矿物成分：主要成分、次要成分。

（3）结构：

①粒度（单位：mm）：

→0.03→0.06→0.25→0.5→ 2 → 4 →16→ 64 → 126 →256→

　　泥→粉砂→细砂→中砂→粗砂→细砾→中砾→粗砾→细卵→粗卵→漂砾

②圆度：棱角状→次棱角状→次圆状→圆状。

③分选度：分选差→分选中等→分选好→分选极好。

④成熟度：成熟度低→成熟度中等→成熟度高。

⑤胶接类型：基底式、空隙式、接触式、镶嵌式。

（4）沉积构造（见表14-1）。

（5）次生变化：铁质氧化造成的次生颜色，长石风化成黏土矿，海绿石风化成褐铁矿。

2. 主要岩石类型

（1）陆源碎屑岩：泥岩、粉砂岩、砂岩、砾岩和角砾岩。

（2）生物化学—生物有机岩：石灰岩、白云岩、硅质岩、磷块岩、煤。

（3）化学沉积岩：铁质岩、蒸发岩、锰质岩、铝土质岩。

（4）火山碎屑岩：凝灰岩、集块岩、角砾岩。

（二）正常沉积岩的野外观察及描述

1. 砾岩

（1）砾岩野外观察和描述的内容。

①颜色：白、灰白、绿、黄褐、红、杂色等。

②岩层厚度：薄层状、中层状、厚层状、巨厚层状等。

③砾石成分：岩屑、石英、燧石、石灰石及其含量等。

表 14-1 沉积构造分类

机械成因构造	流动成因	层理构造	①水平层理;②韵律层理或互层层理;③平行层理;④交错层理(包括流水、波浪、潮汐、风力成因类型);⑤块状层理;⑥粒序层理
		上层面构造	①波痕;②剥离线理构造;③流痕构造
		下层面构造	①槽痕;②构模;③跳模;④刷模、锥模、锯齿痕
		流动成因的其他构造	①冲刷面构造;②侵蚀槽构造;③叠瓦构造
	同生形变	与重力作用有关的构造	①重荷模;②砂球和砂枕构造;③包卷层理;④滑塌构造
		液化作用形成的各种泄水构造	①包卷层理;②盘状和泄水沟构造;③碎屑岩脉构造;④其他泄水构造
		沉积介质的拖曳和牵引作用形成的构造	①变形翻卷层理;②包卷层理
	暴露	干缩作用形成的构造	①干裂;②帐篷状构造
		撞击作用形成的构造	①雨痕;②冰雹痕;③泡沫痕
化学成因构造			①结核;②晶体石膏、盐等印痕;③冰晶痕;④瘤状构造;⑤叠锥构造;⑥缝合线构造;⑦色带构造;⑧鸡笼网状构造
生物成因构造			①叠层石构造;②生物骨架构造;③生物扰动构造(弱、中、强)
复合成因构造			①层状晶洞构造;②席状裂隙构造和斑马构造;③鸟眼构造;④窗孔构造;⑤示底构造;⑥硬底构造
表生风化成因构造			①蜂窝状构造;②针孔状构造;③疏松状构造等

④杂基或胶结物:杂基成分、含量,胶结物成分、结构及类型。

⑤砾岩结构:粒度、圆度、分选度、成熟度。

⑥沉积构造:平行层理、交错层理、叠瓦构造等。

(2)砾岩野外肉眼观察和描述举例。

①颜色:淡黄绿色,风化后呈黄褐色,砾石含量占85%,充填物占15%。

②砾石成分。石英岩:灰白色,风化后呈黄褐色,约占砾石的50%;板岩:黑色、暗绿色,致密光滑,约占10%;脉石英:灰白色,透明,浑圆状,约占15%;石英砂岩:灰白色,风化后呈黄褐色,约占10%;粉砂岩:黄绿色,磨圆度较高,表面较光滑,占10%;燧石:黑色,纹理层;砾石:一般较小,有较明显的棱角,占5%。

③胶结物:钙质,孔隙式胶结。杂基部分为黏土。部分充填物为 0.1 ~ 0.5 mm石英、岩屑和白云母砂粒。风化面上部分钙质被淋滤,并被铁质充填,使岩石呈黄褐色。

④结构:砾石粒度最大者65 mm×45 mm,占5.5%,一般为20 mm×15 mm,占50%,最小者为4 mm×6 mm,占44.5%。次圆状,球度较高,表面光滑,无刻

划痕迹。

⑤构造:岩石呈块状构造,砾石排列杂乱,大小分布不均匀。

⑥定名:淡黄绿色块层状钙质石英质砾岩。

2. 砂岩

(1)砂岩野外观察描述的内容。

①颜色:白、灰白、灰、绿、黄褐、红、杂色等。

②岩层厚度:薄层状、中层状、厚层状、巨厚层状等。

③颗粒:成分(岩屑、石英、长石等)与含量、粒度、圆度、分选度、成熟度。

④杂基:成分(黏土、细粉砂等)、杂基含量。

⑤胶接物:结构(非晶质、隐晶质、晶质),类型(基底式、空隙式、接触式、镶嵌式)。

⑥特殊矿物质:如含海绿石、菱铁矿等。

⑦沉积构造:层顶面构造(波痕、干裂、剥离线理、雨痕、虫迹及足迹等),层底面构造(槽模、构模、压刻模等),层内构造(各种层理、结核、潜穴、钻孔等)。

⑧化石:腕足类、双壳类、植物及其埋藏、保存状况等。

(2)砂岩野外肉眼观察描述举例。

岩石为灰白色,中—细粒结构,主要成分为石英,约占80%,磨圆度、分选度较好。其次有少量燧石碎屑,黑色,细粒结构约占5%。胶结物为白云质,硬度不大,有解理,玻璃光泽,约占15%。岩石具厚层状,具大型交错层理,局部有波痕,因风化而不甚清晰。

该岩石为:灰白色中—厚层状细粒白云质石英砂岩。

(3)砂岩成分分类表(见表14-2)。

3. 泥岩

(1)泥岩野外观察和描述的内容。

①颜色:灰、红、绿、杂色斑点等。

②岩层厚度:极薄层状、薄层状、中层状等。

③裂开情况:易成页片(页岩),不易成页片(泥岩),块状、土状,易成板状、易裂开(板岩)。

④沉积构造:层状或纹层状、水平层理、生物扰动或块状。

⑤非黏土矿物:含石英、云母、钙质、石膏、黄铁矿、菱铁矿等及其含量。

⑥有机质:富有机质、沥青质、炭质,不含有机质等。

⑦化石:含化石,如笔石、介形类、植物及其埋藏、保存状况等。

表 14-2　砂岩成分分类

类型	岩石名称	碎屑组分			说明
		石英(%)	长石(%)	岩屑(%)	
石英砂岩	石英砂岩	>90	0~10		
	长石石英砂岩	60~90	5~25	<10	长石>岩屑
	岩屑石英砂岩	60~90	<10	5~25	岩屑>长石
	多矿物石英砂岩	50~80	10~25	10~25	长石>岩屑者,叫岩屑长石石英砂岩。岩屑>长石者,叫长石岩屑石英砂岩。
长石砂岩	长石砂岩	<75	>25	<10	
	富长石砂岩	<25	>75	<10	
	岩屑长石砂岩	<65	>25	10~25	
	富岩屑长石砂岩	<50	>25	>25	
岩屑砂岩	岩屑砂岩	<75	<10	>25	
	富岩屑砂岩	<25	<10	>75	
	长石岩屑砂岩	<65	10~25	>25	
	富长石岩屑砂岩	<50	>25	>25	

（2）泥岩野外肉眼观察和描述举例。

灰白色,泥质结构,主要由黏土矿物组成,含少量细砂岩非黏土矿物,质地软,有滑感,块状构造。

一般:未固结者为黏土岩;已固结,具页理者为页岩;已固结,不具页理者为泥岩。

4. 碳酸盐岩

（1）碳酸盐岩野外观察和描述内容。

①颜色:灰白、浅灰、灰、深灰、灰黑、黄绿、红色等。

②成分:石灰岩(方解石 100%~95%,白云石 0~5%);含白云质灰岩(方解石 95%~75%,白云石 5%~25%);白云质灰岩(方解石 75%~50%,白云石 25%~50%);含泥质灰岩(灰质 95%~75%,黏土质 5%~25%);泥灰岩(灰质 75%~50%,黏土质 25%~50%);砂(粉砂)质灰岩(灰质 75%~50%,陆屑 25%~50%);含砂(粉砂)质灰岩(灰质 95%~75%,陆屑 5%~25%)。

③结构。

按颗粒、亮晶胶结物或泥晶基质类型及含量可划分为石灰岩类型,如鲕状亮晶灰岩、团粒泥晶灰岩、内碎屑亮晶灰岩、生物碎屑泥晶灰岩等26种;

按颗粒及灰泥含量变化、支撑类型,可划分为石灰岩类型:如颗粒灰岩、泥粒状灰岩、粒泥状灰岩、泥状灰岩;

礁灰岩可划分为如下类型:礁屑粒泥灰岩、礁屑泥粒灰岩、礁碎块灰岩、黏结灰岩、骨架灰岩。

④岩层厚度:薄层状、中层状、厚层状、巨厚层状等。

⑤沉积构造。

前沉积构造:沟道、冲刷痕、小槽、爬迹、大槽等;

同沉积构造:扁平层、交错层、纹层、波痕、藻席纹层等;

沉积后构造:滑塌构造、干缩、鸟眼、层状晶洞、钙结层、帐篷构造、晶体印模、示底、缝合线等。

⑥特殊矿物:如海绿石、黄铁矿、菱铁矿等。

⑦生物化石:蜓、有孔虫、海绵动物、珊瑚动物、腕足类、双壳类、头足类、三叶虫、棘皮类、苔藓动物、钙藻类等及其埋藏、保存状况。

(2)碳酸盐岩野外肉眼观察描述的方法。

一般用放大镜观察岩石的新鲜面。观察时可先用水浸湿,看有无颗粒:若无颗粒,可能是泥晶灰岩或结晶灰岩;若具贝壳状断口多,可能是泥晶灰岩;若看到闪闪发亮的方解石晶体,则为晶粒较粗的结晶灰岩;如果有颗粒,则尽可能辨别出颗粒类型、含量、大小、排列方式等,一般可定为颗粒灰岩;若颗粒可分出砾和砂级,则可定为砾屑灰岩或砂屑灰岩;若能分出颗粒的种类,则可进一步分鲕状灰岩、砾屑或砂屑灰岩、生物碎屑灰岩等。

(3)碳酸盐岩野外肉眼观察和描述举例。

岩石呈黑色,含较多的有机质,未见生物化石。岩石呈微晶—细晶结构,厚层状,块状构造,加稀盐酸剧烈起泡。硬度中等,贝壳状断口,局部呈砂状。地貌上形成喀斯特地形,溶洞较发育。

野外定名为:黑色细晶灰岩。

(4)岩层厚度分类。

<0.01 m,极薄层状;0.01~0.1 m,薄层状;0.1~0.5 m,中层状;0.5~2 m,厚层状;>2 m,巨厚层状。

(三)化石野外工作

1.化石的野外观察和描述

(1)埋藏特征:分原地生长和异地埋藏,化石有无优选方位。

(2)化石组分及多样性:采用拉线法统计各类化石占总化石数量的百分比,

各类化石属、种数量、化石密度等。

（3）化石的各种生态类型：统计底栖爬行、底栖固着、潜穴、钻孔、浮游各占多少比例。广盐性、狭盐性、暖水型、冷水型各占比例多少。

（4）生物间相互关系：如共栖、互惠、侵占等。

（5）化石保存类型：实体、模铸、遗迹。

（6）化石成岩作用或造岩作用：如白云岩化、硅化、黄铁矿化等，介壳滩、生物丘、生物礁等。

2. 化石野外观察与采集要求

（1）选择好进行观察和测量的主剖面及辅助剖面。

（2）逐层细致地观察和记录剖面的岩石性质、岩相特征及横向变化、厚度变化、化石群面貌和岩层间的接触关系。除有文字描述外，必要时辅以素描图或照相。

（3）重要的地层界线附近（如界与界、系与系、统与统之间的界线）分层要精细，一般按厘米计。化石和各种样品按层采集。界线处应附素描图和照相。

（4）对露头岩性岩相全面充分研究之后，特别要对露头上各类化石进行详细的古生观察采集，但也可边观察边采集。

（5）逐层系统、全面地采集剖面上的化石。采集时应从数量上保证足以达到鉴定种的目的，对一些新类型和具特殊意义的化石（如能反映系统演化等），应尽量多采。采集时要特别注意采全生物群，不能只选完美或易采者，更不能偏重某类生物化石采集，所有类别的化石都要全面系统采集。化石采集中须及时编录，不同层位、不同地点的标本都不能相混。

（6）在砾岩、角砾岩中采集化石时，必须对砾石和胶结物中的化石分别采集。因为两者所含化石的年代很可能不相同。

（7）在混杂岩地层剖面或调查路线上要按照基质和岩块（片）对内部物质组成分别进行详细描述，分别采集古生物化石，因为混杂岩基质和岩块（片）、岩块（片）与岩块（片）之间所含的化石年代很可能不相同。

（8）如岩层内保存有大量个体大小不同的化石，应当收集自幼年期至成年期一系列反映个体发育的标本。

（9）野外对所采集的化石标本整理包装，防止损伤或遗失。有条件的，应进行初步鉴定，以指导野外生物地层工作的深入进行。

3. 古生态野外观察要点

古生态（学）是研究地史时期生物与环境之间、生物与生物之间相互关系的科学。为此古生态的观察和记录要着眼于有机界（化石）和无机界（围岩）有关的全部现象和标本。为此，除进行认真观察外，野外工作中还应带着以下问题进行观察和描述：

(1)化石的围岩发育哪些沉积构造？所反应的沉积环境是什么？

(2)化石在围岩中均匀分布还是集中在岩层的某些部位？生物群面貌和岩相是否协调？有无违反常态的现象？

(3)有无保存于特殊围岩的化石(如各种结核中是否含化石)？

(4)围岩的成分、粒度与化石的类别和保存类型有无关系？同一岩层不同露头上的化石有无异同？

(5)围岩中化石是定向排列？杂乱排列？还是按某种规律排列？个体大小是否一致？化石完整程度如何？

(6)围岩中化石类型多寡(分异度)与各类化石丰度如何？不同类型化石间相互关系如何？

(7)如含遗迹化石,遗迹化石保存方式如何(平行层面、斜交层面、垂直层面)？形态如何？

(8)化石属种的各种生活方式(如底栖固着、底栖爬行、潜穴、钻孔、漂浮、浮游等)各占多少比例？

(四)基本层序的野外观察

基本层序野外观察和描述的内容如下。

1. **基本层序类型**

(1)旋回性基本层序:正向变化的,如曲流河沉积基本层序;反向变化的,如沉积型砾石质海岸沉积基本层序;双向变化的,如潮汐作用序列基本层序。

(2)非旋回性基本层序:岩性均一的沉积,具某种随机出现的夹层沉积。

2. **基本层序内的岩性相**

岩性相是组成基本层序最小的岩石单位。在野外工作中,通常根据岩性和沉积及生物结构构造类型进行命名。如一个曲流河沉积的基本层序一般由四种岩性相组合而成,自下向上依次是:块状含砾砂岩(Sms)→槽桩交错层理砂岩(St)→爬升层理粉砂岩(Fe)→水平层理泥岩(Fl)。

3. **基本层序的顶底界面**

基本层序的顶底界面多以冲刷面、暴露面为界,在无海泛面或海泛面难以识别的层序中,常以特殊沉积层,如重力流沉积、生物富集层、火山灰层或特殊岩性夹层的重复出现分出基本层序。在滨浅海层序中,以海泛面为界。

4. **叠覆特征**

基本层理内各岩性相有无优选的叠覆方向,基本层序之间的叠覆特点,可否构成进积、退积和加积型序列。

5. 基本层序古生物内容

利用化石确定基本层序时代,解释古沉积环境,可利用生境型的叠覆特点,阐明基本层序的叠覆关系。

6. 基本层序的纵横向变化

利用详测剖面、草测剖面及填图路线查明基本层序的空间变化,可否构成进积、退积和加积型序列,包括其组成、结构、类型、厚度及特殊夹层与某些重要界面的变化情况。

7. 与理想的相模式比较

对比异同点,帮助认识形成基本层序的沉积和环境特点,并起预测作用。

(五)事件地层单位与观察内容

1. 物理事件

火山灰层、区域性河道化和冲蚀事件、风暴层、块状流沉积物层、区域性跌积—沉积断源面、快速形成的海进假整合面。

2. 化学事件

化学分析数据出现异常幅度的、可进行区域对比的短期漂移事件层,比较长期的、化学成分有异常的间隔分界面,化学沉淀层或成岩作用沿早期等时或近等时层位形成的各种类型的结核和团块,轻稳定同位素化学事件层,有机炭化学事件层。

3. 生物事件

不连续进化事件、群集死亡事件、群集灭绝事件、迅速迁入和迁出事件、巨量繁殖事件、种群"爆炸"(极盛带)事件、快速区域性底栖集群事件、快速生物复苏事件。

4. 复合事件

米兰科维奇气候旋回事件、缺氧事件、撞击事件。

二、岩浆岩研究方法

这里只介绍侵入岩的野外观察和研究方法。

(一)野外观察的内容和方法

(1)野外观察应注意岩体的产状:区分小侵入体和较大侵入体,注意岩石标本所处的侵入体的部位,在其内部还是在其边缘。

岩体产状只能在野外直接观察,具有相似结构的岩石,它们的产状可以是不同的。

例如:具有细粒结构或斑状结构的岩石可以产在小侵入体中,也可以产在较大侵入体的边缘部位。

（2）岩石颜色的观察：一般说来决定岩石颜色的主要因素是其中所含暗色矿物的含量，同时也与岩石中矿物的结晶程度有关，一般隐晶质结构的岩石要比具有相同成分的结晶程度较粗的岩石颜色要深些。在侵入岩中，暗色矿物与浅色矿物之比对区分不同类型的岩石是一个有用的标志，这种标志通常用暗色矿物的百分比含量来表示，此数字称为颜色指数（色率）。一般超基性岩的颜色指数最高可达 90% 以上；对基性岩来说，颜色指数为 35% ~ 65%，闪长岩为 20% ~ 35%，花岗岩小于 10%，而正长岩在 15% 左右。在观察颜色时，要注意总的颜色，还应注意新鲜岩石的颜色。但是，在野外工作时经常见到的是风化岩，有些岩石当遭到风化时新呈现的特点有助于岩石的鉴定。例如，有些辉绿岩在风化表面可使辉绿结构显得更加明显。

（3）矿物成分的鉴定。

①看岩石中是否有石英、橄榄石，因为这两种矿物肉眼容易识别而且具有较强的专属性。如果岩石中含有橄榄石，一般应是超基性岩或基性岩，如岩石中含有较多的石英，一般应属酸性岩类。

②区别长石的种类，首先应注意有无长石，如有大量长石，就要注意区分斜长石和钾长石，并判断其相对含量。

斜长石突出的特点是沿较发育的一组节理面上可见到细的双晶纹，在阳光下缓缓转动标本，即能见到斜长石晶体延长方向上，有明暗相间的细条纹，此即为聚片双晶。其次还可注意斜长石常呈现长条状或板状晶体，尤其是在含有暗色矿物较多的岩石中更加明显。此外，多数斜长石为灰白色或白色，但也有的呈现肉红色。

钾长石在解理面上有时可见到一半明一半暗的卡氏双晶，一般双晶条带较聚片双晶宽。其次它常有短粗及不规则的晶形，多数钾长石为肉红色，但也有呈现灰白色，喷出岩中的钾长石为玻璃光泽的透长石，晶体透明。

区分基性、中性、酸性斜长石，还可以根据斜长石的晶形特点，岩石中的矿物组合来进行，如斜长石具板状、有环节结构、与角闪石共生，一般情况下是中性斜长石；如斜长石晶体呈长条状，聚片双晶且较宽，有大量辉石、橄榄石等矿物存在，而且岩石的颜色又较暗，则往往是基性斜长石。

酸性斜长石常与石英、黑云母共生，晶体呈宽的板状，双晶条纹细密，岩石的颜色较浅，多为灰白色、肉红色等。这种方法常存在一定的误差，但属允许误差，所以常被采用。

③识别暗色矿物：首先要识别岩石中有无黑云母，它主要出现在中性岩石中。角闪石常为长柱状，横截面为六边形；而辉石常为短柱状，横截面为八边形。辉石主要出现在基性、超基性岩中，而角闪石常出现在中性岩中。

④要确定岩石中的矿物组合,并估计每种矿物的大致含量。

(4)测定岩石的结构:对于粒状结构的岩石应测定岩石中矿物颗粒的大小。

粗粒:颗粒直径 >5 mm;

中粒:颗粒直径 5~1 mm;

细粒:颗粒直径 1~0.1 mm;

微粒:颗粒直径 <0.1 mm。

中粗粒与中细粒结构的岩石也常出现。

对于斑状或似斑状岩石要特别注意基质,同是斑状岩石,有的基质是隐晶质,有的是中细粒,这两种岩石形成的条件不同。

(5)岩浆岩构造的观察。

岩浆岩常有以下构造现象:块状构造、带状构造、气孔构造、杏仁构造、晶洞构造、流面、流线构造、节理等。

(6)岩浆岩次生变化的观察。

(7)查表及岩石命名。

根据岩石产状、结构构造、主要矿物组合,最终查表确定岩石名称。

例如:在野外见一小侵入体,呈暗绿色,其中主要矿物为斜长石和辉石,岩石呈细粒结构(风化面上可见细条状斜长石呈格架状排列,具典型的辉绿结构),块状构造。根据其特征应属于基性岩类中的辉绿岩。

(二)侵入岩体和围岩的接触关系

侵入岩体和围岩的接触关系可有以下三种情况。

1. 侵入接触

侵入接触是岩浆以活动状态侵入到围岩中所形成的接触关系。具有以下标志:

(1)围岩明显为岩体所切穿,在岩体的边部有岩枝伸进围岩中。

(2)岩体边部常有较细的冷凝边,有时还有原生流动构造。

(3)岩体中还可有围岩的捕房体,有时还有明显同化混染现象。

(4)围岩中有接触变质晕,有时还伴有矿化现象。

这种侵入接触表示侵入体的侵入时代晚于围岩。

2. 沉积接触

早先形成的岩体受风化剥蚀后,被沉积岩或沉积火山岩掩盖、超覆所构成的一种接触关系,其主要标志为:

(1)和侵入体相接触的上覆沉积岩层无任何变质现象。

(2)在上覆沉积岩层的底部有下伏侵入岩的卵石和砂砾。

(3)接触界面间有不平整的侵蚀面或风化壳。

（4）岩体边部无冷凝带。

（5）切穿岩体的脉岩和断裂未进入围岩中，这种接触关系说明岩体早于沉积岩层的时代。

3. 断层接触

断层接触即侵入岩体和围岩呈断层接触，岩体和围岩之间是截变的，接触带上有断裂现象，如断层构造岩、擦痕等。原有的岩脉或矿脉被切断等，这种接触关系无法判断侵入体的相对时代。

（三）侵入杂岩中侵入期的划分

一个地区同属一个地质时代的侵入体，有时可能不是一股岩浆一次侵入形成的，那些凡是由一股岩浆一次侵入形成的岩体可划分为一个侵入期。如果在岩体中发现有岩体相互穿插的接触关系，穿插的岩枝中有明显的冷凝边，那就可以肯定为较晚期的岩浆侵入，有时晚期侵入体侵入时，前期的岩体尚未完全固结，两者之间可能会发生物质的交换，而且其边缘呈渐变的过渡性质，但每一期主要岩石的分布则是很清楚的，有时一个地区同一地质时代，成因上有联系的侵入杂岩的侵入期次，可以多过 4~5 次，这时就可以按照其互相穿插的关系，以侵入顺序而划分出第一期、第二期等，其中占面积最大、在侵入体中又起主要作用的岩体的形成期，可以称为主要侵入期，而不同侵入期岩石的划分可能是极不相同的。

值得注意的是，那些不同时代、成因上无联系的侵入体之间也有明显的穿插接触关系，这时就不能将其和杂岩体中的不同时期相混淆，而要用年代学的方法去研究它们，以搞清它们之间的相互关系。

（四）侵入时代的确定

1. 同位素年龄法

同位素年龄法即利用岩石中某些元素蜕变的半衰期、各同位素含量的比例来计算岩石形成的年代，其中常用的是 K – Ar 法及 Ru – Sr 法等，经常用于测定的单矿物有黑云母、钾长石、白云母、角闪石、方铅矿等。

2. 相对时代法

（1）直接观察：如果侵入体与围岩呈侵入接触关系，则说明侵入体晚于围岩，其时代即可根据围岩地层的时代相对确定。

（2）岩性对比：即利用岩石特征、副矿物组和特征或微量元素的地球化学特征和临近已知时代的岩石进行类比，以推定其相对时代。

（3）地质构造：即根据已知的地质构造活动时期来确定与地质构造相关的侵入体，因为岩浆活动往往与一定时期的造山运动有关，某地区燕山运动比较强，因此可推断该区的一些侵入体可能就是燕山期的产物。这种方法局限性很大，必须辅以其他方法才可靠，所以一般不单独使用。

（五）侵入岩岩石观察描述举例

花岗岩：肉红色，风化面上呈黄色，球状构造，中粒结构，主要矿物成分是石英、钾长石、斜长石，含少量黑云母。

石英：无色，粒状，断口呈油脂光泽，含量约25%。

钾长石：肉红色，板状，半自形，完全解理，具玻璃光泽，有时可见卡氏双晶，含量约55%。

斜长石：灰白色，板状，完全解理，具玻璃光泽，在有的颗粒表面上可见到聚片双晶，含量约15%。

黑云母：黑色，片状，极完全解理，珍珠光泽，可用小刀刮出小片，含量约5%。

尚有榍石、磁铁矿等副矿物，含量<1%。

岩石局部出现球状风化。

根据岩石的颜色、结构、构造及主要矿物的种类及含量，此岩石可定名为花岗岩。如果将岩石的颜色和结构都考虑进去，则较完整的定名是：肉红色中粒黑云母花岗岩。

第十五章　地层学研究方法

一、实测地质剖面方法

地质剖面是研究地层、岩石和构造的基础资料,根据剖面资料划分填图单位,是地质填图工作的前提。因此,主要地质剖面的测制除某些特殊情况(如覆盖严重,基岩露头零星,构造复杂,地层变化大,层序不清等)外,一般要求在正式填图之前完成。

地质剖面根据研究对象和目的可进一步细分为地层剖面、岩浆岩侵入体剖面及构造剖面。

(一)实测地层剖面的目的

实测地层剖面的目的主要是查明地层的岩石组合、层序、厚度、沉积特征(或喷出岩、变质岩等的有关特点)、含矿性、接触关系及时代,在此基础上划分地层和确定填图单位。

一般应选择层序完整,构造简单,接触关系清楚,化石丰富,岩性组合和厚度具代表性的地段进行布置。尽量避开侵入体和受其破坏影响的地段。

(二)实测地层剖面的技术要求

(1)实测剖面线方向应基本上垂直于地层或主要构造线走向,一般情况下两者的夹角不宜小于60°。

(2)剖面线经过的具体位置要尽可能选择基岩露头连续性良好地段。因此,要充分利用沟谷,自然和人工采掘的坑穴,壕堑和铁路、公路旁侧崖壁等作为剖面线的位置。

当露头不连续,而又找不到更合适的剖面位置时,可布置一些短剖面加以拼接,但须注意拼接的准确性,防止遗漏和重复。必要时还可以考虑作探槽、井探或剥土等工程予以揭露。

(3)实测剖面的比例尺应根据规范要求及实测对象的具体情况而定,以能充分反映其最小地层单位或岩石单位为原则。即剖面图上能标定为 1 mm 的单位,均可在实地按相应比例尺所代表的厚度划分出来。常用比例尺为 1/500 ~ 1/5 000。在剖面图上小于 1 mm 的,但又具有特殊意义的单层(如化石层、标志层、矿层、岩脉等),可适当放大画在图上。但在记录中应注明实际厚度。

(4)实测剖面的数量,一般每个地层单位及不同相带至少应有 1 ~ 2 条代表性实测剖面控制,主要根据区内岩相建造复杂程度、厚度及其变化情况,以及前人研究程度等因素来考虑确定。

（5）实测剖面时,必须逐层进行岩性描述,系统采集岩石标本、光片、薄片、岩石光谱样品等。对沉积岩或付变质岩系应认真逐层寻找和采集化石(或微体古生物)标本。此外,根据调查任务的需要可采集化学分析,人工重砂样、单矿物样等。必要时还可采集同位素年龄样和古地磁样品等。

（三）实测地层剖面的一般方法与步骤

实测地层剖面一般分为外业和内业两个阶段。

1. 外业阶段

（1）选定岩层剖面位置后,首先进行详细踏勘,了解岩层的分层厚度,岩性组合规律,所产化石,地层接触关系,标志层等,并设立标记;根据露头情况布置山地工程。

根据详细踏勘情况制订工作计划,包括比例尺、测制方法、施测顺序、组织分工、工作定额及工作进程计划等。

（2）野外实地丈量。

一般由4～5人进行即可。人员分工有前测手、后测手、分层、记录和标本样品采集等。测量时有专门的剖面记录表(见表15-1),其有关内容说明如下。

表 15-1　实测地层剖面记录表

剖面名称：

剖面位置、起点坐标：　　　　　　　　　　　　　　　　　　　第　页

导线号	导线方位	导线距			坡度角	高差	累计高差	地层产状			导线方位与地层走向夹角	分层号	分层厚度	累计厚度	标本样品	备注
		斜距	水平距	累计平距				倾向	倾角	斜距						
1	2	3	4	5	6	7	8	9	10	11	12	13	14	15	16	17

单位：　　　　　　　　　　　　　　　　　　　填表人：

（3）导线方位角，即测绳（或皮尺）丈量之前时方向，由后测手持罗盘仪测量。

（4）地形坡度角，由前、后测手用罗盘仪测量，然后取其两者的平均值。若前进方向为上坡即仰角记为正值，反之前进方向为下坡即俯角记为负值。

（5）斜距（包括导线斜距、分层斜距、标本和采样位置及地层产状等斜距），从测绳或皮尺上直接读数。

（6）岩层产状的测量，要选择有代表性的层面测量。产状变化大的地方要多测量几个，以便保证换算地层真厚度的准确性。工作时要注意区分层理面和节理面、基岩和转石。在岩层产状平缓或近于水平时，以致肉眼较难判断其倾向时，可采用在岩层面上滴水的办法来确定倾向；也可直接用罗盘测量，其方法是：先将测斜仪上的指标对准0°刻度，然后使罗盘长边紧贴岩层面来回转动几下，当测斜仪上的水泡居中时，罗盘仪的长边即代表岩层走向线，再测出该走向线的方位即可。

（7）填写"实测地层剖面记录表"的1、2、3、6、9、10、11、12、13、16，诸项必须在测量过程中逐项填入表内，不得有误或任意涂改。所在数据一律用铅笔填写，如有错误不可用橡皮擦去，而应用铅笔画掉，以保持原数据还能清晰看出，并在旁边记上新数据。

（8）除填写"实测地层剖面记录表"外，还应将剖面观察内容，按导线距和分层号在野外记录本上进行详细记录。此外，在现场要绘出剖面草图或信手剖面图，以便于层位对比和构造分析，同时，还可以供勾绘剖面图上地形线和地质细节参考。

（9）剖面线的起、讫点位置，剖面观测点，岩层产状要素及地质界线等，都应准确地标定在地形或航空相片上。

2. 内业阶段

野外工作完成后，应及时进行室内资料整理及样品的处理，其中包括：对各项实测数据进行整理计算；样品分析鉴定；进一步整理、研究剖面地质资料，根据室内外分析鉴定成果对野外观察资料进行修正补充；编写剖面小结，划分地层单位及填图单位。

1）实测剖面各项数据的计算

（1）平距（D）。导线平距、分层位置平距、岩层产状测量位置平距和采样位置平距等计算：

$$D = L\cos\beta \qquad (15\text{-}1)$$

式中：L 为斜距；β 为地面坡角。

（2）导线高差（H）及累计高差的计算：

$$H = L\sin\beta \qquad (15-2)$$

累计高差是将各导线高差逐一累计相加而得的。

（3）换算导线方位与岩层走向之夹角（γ）：

$$\gamma = 导线方位角 - 岩层走向方位角 \qquad (15-3)$$

（4）岩层真厚度（h）计算，其方法主要有：

①地面水平（$\beta \approx 0$），导线方位垂直于岩层走向，则：

$$h = L\sin\alpha \qquad (15-4)$$

式中：L 为分层斜距；α 为岩层倾向。

②地面倾斜，地形坡向与岩层倾向相反，导线方位垂直于岩层走向，则：

$$h = L\sin(\alpha + \beta) \qquad (15-5)$$

式中：β 为地面坡度角。

③地面倾斜，坡向与倾向一致，而 $\alpha < \beta$，导线方位垂直岩层走向，则：

$$h = L\sin(\beta - \alpha) \qquad (15-6)$$

④地面倾斜，坡向与倾向一致，而 $\alpha > \beta$，导线方位垂直于岩层走向，则：

$$h = L\sin(\alpha - \beta) \qquad (15-7)$$

⑤地面倾斜，坡向与倾向相反，导线方位斜交岩层走向，则：

$$h = L(\sin\alpha\cos\beta\sin\gamma + \sin\beta\cos\alpha) \qquad (15-8)$$

式中：γ 为导线方位与岩层走向之间的夹角。

⑥地面倾斜，坡向与倾向一致，而 $\alpha > \beta$ 时，方位斜交岩层走向，则：

$$h = L(\sin\beta\cos\alpha\sin\gamma - \sin\beta\cos\alpha) \qquad (15-9)$$

⑦地面倾斜，坡向与倾向一致，而 $\alpha < \beta$ 时，导线方位斜交岩层走向，则：

$$h = L(\sin\beta\cos\alpha - \sin\alpha\cos\beta\sin\gamma) \qquad (15-10)$$

2）实测地层剖面图的绘制

实测地层剖面图的绘图法，通常主要有展开法和投影法两种，以及二者并用的分段投影法（或真厚度法）。

（1）展开法。

①绘制地形剖面线，一般只要根据导线斜距和坡角两个参数，画出各段导线的地形线。但这样画出来的地形轮廓线呈折线，应根据野外草图所反映的地形碎部，将其勾绘成圆滑的曲线（见图 15-1）。

②绘制地质要素。在多数情况下，导线不完全垂直岩层走向。因此，在绘制地质界线投影时，需要进行视倾角的换算。除导线方位与岩层走向夹角大于80°可视为近似的垂直外，凡其夹角小于80°时，均用换算出来的视倾角绘制，但产状注记仍应标记真倾角。

此法优点是：作业流程简单，便于野外边测边绘，同时便于检查。其缺点是：

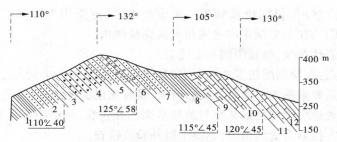

图 15-1　展开法绘制实测剖面格式

将转折的导线展开便会夸大了地质体的实际宽度,地层厚度只能用公式计算求得;由于导线方位的改变引起了产状相同的岩层视倾角的数值不同,特别是在导线方位与岩层走向夹角较小时,按视倾角在剖面上画的地层投影线常出现相交、突变等不协调现象,歪曲了实际地质现象。

（2）投影法。

此法是目前应用最广泛的一种,其作图步骤如下:

①作导线平面图(即相当于路线地质图)。作图前,首先要确定好总导线方位,即剖面起、讫点的连线方位,也就是剖面投影基准线方位。可选用一张长条状的透明纸(其长和宽视剖面线长度和导线摆动的幅度而定)蒙在方格纸上并固定好,以方格纸的横坐标线作为预估的总导线方位(一般取剖面线经过的岩层的代表性倾向方位),根据各导线的方位和其平距在透明纸上一一作出各段导线。然后,转动透明纸,使剖面线的起、讫点连线和方格纸横坐标重合,接着用大头针将各导线的端点轻轻地刺在下面的方格纸上,去掉透明纸,连接方格纸上的刺点即成导线平面图。

另一办法是,在纸上先作出导线平面图,然后量出(也可计算出)剖面线起、讫点连线的方位。以此方位为投影基准方法,直接在方格纸上作出导线平面图。

②将岩层产状、分层界线和岩石标本及化石采集点标绘制到导线上相应的位置,即构成了路线地质图。

③作地形剖面图,将导线各转折点垂直投影到其下方的投影基准线上,以投影基准线作为计算相对高程的"零点",然后在方格纸的纵坐标上找出各段导线的累计高差点,用平滑的曲线勾绘这些点即成地形剖面图。

④在地形剖面图上绘制地质要素,将导线平面图上的分层界线、岩层产状和岩石标本及化石采集点垂直投影到地形剖面上来。

由于投影剖面线的方法基本上垂直于地层走向,所以除局部地层产状有变化的地段外,大多数都可直接根据真倾角绘出岩层倾斜线。如果投影剖面线方位与岩层倾向夹角大于 10°,就应该换算成视倾角,再绘出岩层视倾斜线,但在其下方标绘产状时,仍标绘真倾角。应该指出,一定要用投影基准线(即剖面起、讫点连线)方位与岩层走向之夹角来换算视倾角。

⑤填绘岩性花纹,绘制图例及责任表。

此法优点:在绘制图精度达到要求时,可以直接在图上丈量地层厚度;剖面上反映的构造要素基本上能符合实际情况,没有或很少歪曲;剖面图控制的总长度及其中主要地层单位出露宽度与地质平面图相符合。其缺点是:地形轮廓线的坡角因侧方投影而受到歪曲,不便于野外验收检查。

注意事项:

①绘制剖面地质要素的顺序是,先投影断层、岩脉(如果剖面线经过断层或岩脉的话),然后投影分层界线、地层产状,最后根据岩性填绘不同的岩性花纹。

②若上、下地层间倾角相差较大,又非断层影响或角度不整合,画岩性花纹时将倾角差额平均分配,不能画成相交(见图15-2)。

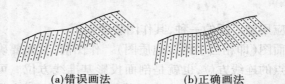

(a)错误画法 　　　　　(b)正确画法

图15-2　上、下地层间倾角相差较大时岩层花纹的画法

③图例排列顺序,按照地层单位代号,由新到老排列;先沉积岩(或层状火山岩和变质岩),后侵入岩,然后构造要素花纹、岩层产状、层序号、标本及化石代号等。

④岩层分界线应画长一些,而岩性花纹要画短一些,一般前者由地形线向下铅直长度画1.5 cm,后者画1 cm,以示区别。

(四)绘制地层柱状图

实测地层剖面的最终目的是对地层系统地研究,进行正确的分层,建立该区地层标准柱。因此,每一个实测地层剖面都应编制地层柱状图。其格式和内容及具体做法与综合地层柱状图基本相同,参见综合地层柱状图的绘制方法。

(五)实测地层剖面说明书的编写内容

一个剖面做完之后,应及时编写小结(或说明书),其内容主要有如下几点:

(1)实测地层剖面的名称及编号,剖面名称命名原则应遵循行政区划、地理名称和实测地层单位三重命名法。

(2)实测剖面的目的和要求(根据设计书)。

(3)完成任务情况及工作量,包括施工起、止日期,实测方法(导线法还是直线法,采用仪器等)、剖面线方向、长度、观测点距离及数目、标本样品及化石采集数目、槽井或剥土工程量。

（4）人员分工情况。

（5）剖面位置和自然地理情况，剖面所在行政区划和地理位置，地形和交通及露头情况等。

（6）地层剖面文字描述。由新到老叙述各分层岩性特征，所含化石、厚度等，然后对各地层单位综合描述并论述其时代和接触关系。

此项工作是先合并各小层成大层或上、中、下段等，然后综合各小层岩性特征并编写出文字描述。

（7）存在问题。

（8）附实测地层剖面原始资料，柱状图、剖面图和剖面位置图等。

二、地层的划分与对比

地层的划分与对比是地层学研究的基本任务之一。它不仅在理论上对地壳演化历史的重建与认识有着重要意义，而且也是地质工作者无法回避和必须解决的客观实际问题。譬如，进入某一地区进行地质工作，首先必然要遇到该地区的地层序列问题，这就需要对地层进行详细的研究，即将组成该地区的层状岩石按岩性特点和属性，划分成若干个地层单位，然后根据其所含的古生物化石或同位素年龄，建立起一个完整的地层柱或地层序列。这些划分出来的地层单位与相邻地区是什么关系，在空间上的展布有什么规律，这就涉及不同地区相应的地层单位对比问题。这种对比，可以是小区的、大区的、全国性的和洲际性的等。因此，所谓地层划分，就是把组成地壳的岩层，按其原来顺序根据岩石的特征与属性，系统地组织或划分成各种地层，因此所划分出来的地层必然是多种多样的。由于存在着不同种类的地层单位，因此也就会出现多种类的地层对比。这些不同种类的地层单位的界线常常不是一致的。

三、填图单位的确定

填图单位是指在地质图上要求反映和划分出来的地层，它是在实测地层剖面的基础上按照填图比例尺大小的要求来确定的。大比例尺填图单位要求细，小比例尺填图单位则要求较粗。

《1∶50 000 区域地质调查技术要求》（中国地质调查局，2006 年），填图单位划分的要求如下：

（1）沉积岩区。采用岩石地层单位填图，正式填图单位要划分到组。若组的厚度过大，可进一步细分为段或岩性段。调查区地层区划归属以相关省地质志的划分为依据，岩石地层序列以相关省岩石地层清理成果和全国各纪地层典为基础。调查区地层区划归属以相关省地质志的划分为依据,岩石地层序列以相关省岩石地层清理成果和全国各纪地层典为基础。

对于第四系填图单位,以岩石地层单位或成因单位为基本填图单位,在系统建立调查区第四纪地层层序的基础上,开展第四纪多重地层划分、对比研究。

(2)火山岩地层。火山岩区调采用岩石地层—火山岩相—火山构造三重填图法。根据沉积或喷发叠覆或横向变化关系、喷发旋回、喷发韵律、岩浆演化等综合因素,合理划分正式与非正式岩石地层单位,正确建立岩石地层序列。

(3)侵入岩的划分。侵入岩按侵入体为基本的填图单位,对不同类型的侵入岩,均按"岩性+时代"或"岩性+时代+典型命名地"的方法进行填图单元的划分和填绘。

(4)变质岩层的划分。变质岩区应采用构造—地(岩)层—事件或构造—岩石—事件法填图。在系统建立变质岩构造—地(岩)层或构造—岩石填图单位的基础上,查明不同变质岩系单位间界面性质、叠置关系及空间分布特征,建立序次关系。

对地层填图单位的厚度规定,即褶皱复杂区一般不应大于 500 m,缓倾斜岩层区不大于 100 m。但对于厚度大且岩性单一、与矿化关系不密切或变质作用强烈难以确定标志层的地层,也可适当放宽精度要求。但对厚度不大,却具有重要意义的含矿层,标志等可适当扩大到 1 ~ 2 cm 宽度表示。为了能够更好地反映出构造形态,尤其是对厚度很大的地层单位,应进一步地细分出岩性标志层来反映构造特征。

标志层一般厚度小,层位稳定,岩性变化小而分布广泛,岩石性质或所含有明显易识别等特点。例如,巢北地区,上泥盆统五通组底部有一套厚 3 ~ 5 m 的石英砾岩,可作为五通组底界的标志;又如船山组中富含葛万藻化石的球状灰岩,可作为区分石炭系中统黄龙组和上统船山组的标志;又如下石炭统金陵组和笛管—珊瑚(Syringopora sp.)灰岩,可作为金陵组的标志。

第十六章　构造地质学研究方法

一、褶皱构造的观察和研究

(一)常用的褶皱分类

1.褶皱的位态分类(Ricard 分类)

根据褶皱轴面和枢纽的产状,褶皱分为七种类型:

(1)直立水平褶皱(Ⅰ):轴面倾角 90°~80°,枢纽倾伏角 0°~10°。

(2)直立倾伏褶皱(Ⅱ):轴面倾角 90°~80°,枢纽倾伏角 10°~80°。

(3)倾竖褶皱(Ⅲ):轴面倾角 90°~80°,枢纽倾伏角 80°~90°。

(4)斜歪水平褶皱(Ⅳ):轴面倾角 80°~10°,枢纽倾伏角 0°~10°。

(5)斜歪倾伏褶皱(Ⅴ):轴面倾角 80°~10°,枢纽倾伏角 10°~80°,两者倾向、倾角不一致。

(6)平卧褶皱(Ⅵ):轴面倾角 0°~10°,枢纽倾伏角 0°~10°。

(7)斜卧褶皱(Ⅶ):轴面倾角 10°~80°,枢纽倾伏角 10°~80°,且两者倾向、倾角基本一致。

2.褶皱的形态分类(Raimser 分类)

根据褶皱横截面上等斜线的关系,褶皱分为 3 类 5 型。

1)Ⅰ型褶皱

等斜线向内弧收敛,内弧曲率大于外弧曲率,再根据厚度变化细分为三型。

(1)I_A 型褶皱:褶皱层厚度在枢纽部分比翼部小,可称为顶薄褶皱。

(2)I_B 型褶皱:褶皱层的厚度在各部分相等,是理想的平行褶皱。

(3)I_C 型褶皱:枢纽处的厚度比翼部略大,是平行褶皱(I_B 型褶皱)和相似褶皱(Ⅱ型褶皱)的过渡类型。

2)Ⅱ型褶皱

等斜线相互平行,内弧和外弧的曲率相同,为典型的相似褶皱。

3)Ⅲ型褶皱

等斜线向外弧收敛,外弧曲率大于内弧曲率。

(二)褶皱构造野外观察的内容

1.褶皱要素的观测

(1)褶皱核部地层、翼部地层,测量两翼产状,定量或定性地确定褶皱轴面产状、枢纽产状、翼间角的大小及其变化。

（2）转折端的形态，各褶皱层的厚度变化（从翼部到转折端），各褶皱面弯曲的协调性、褶皱的对称性等。

（3）对一些典型的褶皱要进行素描和照相。

2. 褶皱类型的确定

根据上述观察地层的正常、倒转，测量到的褶皱的各个要素，分析褶皱的几何形态、规模等，并进一步利用赤平投影，确定褶皱的类型。

3. 褶皱组合形式的观察和分析

复背斜或复向斜、隔挡式或隔槽式、平行排列或雁行排列、弧形褶皱群等。

4. 褶皱从属构造的观测

收集与大型褶皱有成因联系的从属小构造，是分析褶皱成因，研究褶皱几何学、运动学和动力学必不可少的内容。所以，在野外，要注意观察、测量、统计和描述以下构造现象。

（1）从属褶皱，测量从属褶皱的两翼产状、轴面产状、枢纽产状。

（2）测量节理、裂隙及小断裂的产状，描述与褶皱之间的关系。

（3）观测层间滑动擦痕产状、破碎的规模及运动方向。

（4）观测劈理及线理产状、分布形式与褶皱的关系。

（三）褶皱构造野外描述举例

凤凰山直立倾伏背斜：

该背斜位于巢湖市城北凤凰山—7410 工厂一带，呈 30°方向延伸，向南西倾伏于巢湖水泥厂之下。背斜出露长约 6 km，宽约 2 km。核部为志留系下统高家边组页岩，因强烈风化、剥蚀形成典型的背斜谷。

凤凰山背斜的两翼依次由志留系的坟头组—二叠系组成，南东翼倾向110°～140°，倾角 50°～85°，局部直立乃至倒转；北西翼倾向 280°～300°，倾角40°～60°，轴面倾向为 302°，倾角 84°，枢纽倾伏向 210°左右，倾伏角约 18°，枢纽在轴面上的侧伏角 19°，所以该背斜应为一直立倾伏背斜。

背斜两翼均发育有北西向的横断层，断层面上发育有近垂直的擦痕，并在南东翼表现出右旋平移的断层效应，在北西翼表现出左旋平移的断层效应。野外分析认为，这是横切褶皱枢纽的正断层，由于北盘下掉，使得向斜下降盘变宽的产物。

另外，在背斜的外倾转折端，发育大量放射状的小断层和节理。

二、断层构造的观察和研究

(一)断层分类

常见的断层类型见表16-1。

表 16-1　断层分类

分类依据	类型	
按断层两盘相对运动分类	正断层	
	逆断层	高角度逆断层:倾角一般大于45°
		低角度逆断层:倾角一般小于45°
		逆冲断层:位移显著,角度低缓
	平移断层	右旋平移断层
		左旋平移断层
	平移—逆断层:以逆断层为主,兼平移性质	
	平移—正断层:以正断层为主,兼平移性质	
	逆—平移断层:以平移为主,兼逆断层性质	
	正—平移断层:以平移为主,兼正断层性质	
按断层走向与所切岩层走向的方位关系	走向断层:断层走向与岩层走向基本一致	
	倾向断层:断层走向与岩层走向基本直交	
	斜向断层:断层走向与岩层走向斜交	
	顺层断层:断层面与岩层面等原生地质界面基本一致	
按断层走向与褶皱轴向或与区域构造线之间的几何关系	纵断层:断层走向与褶皱轴向一致或与区域构造线基本一致	
	横断层:断层走向与褶皱轴向直交或与区域构造线基本直交	
	斜断层:断层走向与褶皱轴向斜交或与区域构造线斜交	

(二)断层的基本要素和位移

1. 断层的基本要素

断层的基本要素有断层面、断层(裂)带、断层线、断盘(上盘、下盘,东盘、西盘和南盘、北盘等)。

2. 断层的位移

断层的位移有滑距、总滑距、走向滑距、倾斜滑距、水平滑距,断距、地层断距、铅直地层断距、水平地层断距。

(三)断层的观测和研究

1. 断层观测的内容

(1)利用各种标准发现和确定断层的存在。

(2)测量或判定断层的产状、断层带的宽度及其变化。

(3)观测断层两盘的运动方向、距离和效应,确定断层性质。

(4)确定断层形成的时代和多期活动性。

(5)观测断层在平面和剖面上的组合形式。

(6)调查断层对岩体和矿体的控制作用。

2. 断层识别的标准

1)地貌标志

(1)断层崖、断层三角面。

(2)错断的山脊、山脉。

(3)水系的突然转向。

(4)泉水的线状或带状排列、串珠状展布的湖泊、洼地或火山群。

2)构造标志

(1)线状或面状地质体或地质界线突然中断、错开,构造线理不连续。

(2)构造强化带,岩层产状急变、节理化和劈理密集带的突然出现。

(3)揉皱、小褶皱剧增以及挤压破碎等。

(4)擦痕、阶步、镜面、石英或方解石纤维状晶体带。

(5)断层岩、断层泥、构造透镜体、应变矿物的出现。

3)地层标志

地层的不对称重复或缺失,中断或位移。

4)岩相和厚度标志

(1)同一时代而沉积相和沉积厚度迥然不同的岩层彼此接触。

(2)岩相和厚度的显著差异。

5)岩浆活动与矿化作用

岩矿、矿化带或硅化带等热液蚀变带线状断续分布。

3. 断层两盘的相对运动方向的确定

(1)标志层或其他地质体的错开。

(2)两盘地层的新老关系。

(3)褶皱的变宽和变窄。

(4)擦痕、阶步、镜面、石英或方解石纤维状晶体堆积的厚度变化。

(5)断层带中角砾岩与两盘母岩的相对位置。

(6)断层带中斜列的构造透镜体、节理、张性岩脉与断层带的几何关系。

（7）断层两盘的牵引构造。

（8）断层两盘的派生节理、拖曳褶皱等。

4. 断层断距的测定

常用的断层断距有地层断距、铅直断距、水平断距。

1）横断层

如果已知被错岩层或岩脉的倾角和上述断距中的任何一个即可计出其余两种断距：

$$h_0 = h_g\cos\alpha \quad 或 \quad h_0 = h_f\sin\alpha$$

式中：h_0 为地层断距；h_g 为铅直断距；h_f 为水平断距；α 为地层倾角。

2）纵断层

纵断层常造成地层重复和缺失，则重复和缺失部分的地层厚度即为地层断距。

3）赤平投影法求地层断距和总滑距

胡火炎（1980）、斗守初和宋传中（1984），在赤平投影求地层厚度方法的启发下，先后研究出了赤平投影求断层的地层断距和总滑距的新方法。该方法的前提是，断距两盘相当层的产状一致，即只使用于非旋转断层。现将其原理与方法介绍如下：

（1）断层位移要素之间的几何关系见图16-1。

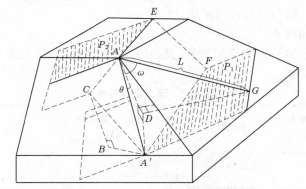

$AEFA'$——断层面；AA'——总滑距；AD、BC——地层断距；P_1、P_2——相当层

图16-1　断层位移要素的几何关系图

AD、BC 均为相当层之间的垂距，即地层断距。所以，$\angle A'BC = \angle ADA' = \angle ADG = 90°$，$\triangle A'BC$、$\triangle ADA'$ 和 $\triangle ADG$ 均为直角三角形。显然，

$$AD = AG\cos\omega \quad 或 \quad AD = L\cos\omega \tag{16-1}$$

$$AA' = AD/\cos\theta \quad 或 \quad AA' = AD\sec\theta \tag{16-2}$$

由式（16-1）和式（16-2）可知，只要求出 L、ω、θ 三个要素，求地层断距 AD 和

总滑距(AA')的问题就迎刃而解了。根据几何学关系,铅直地层断距、水平地层断距都可以求出。

(2)L、ω、θ三个要素的获得。

L是野外顺山坡的导线,其长度、导线方位和坡角均可实际测量。L也可是在地表之下,钻孔穿过断层两盘相当层之间的距离或斜井穿过两相当层之间的距离。

ω是AD和AG两条线的夹角。其中:AD是地层断距,其方向是相当层的法线方向,而相当层的产状可在野外直接测量;AG(L)同上所述,长度、方向和倾角均可实际测量。在赤平投影网上作出相当层法线(AD)的极点和导线(L)的投影点,再将其转到同一大圆弧上,则两点的角距就是ω值。

θ是AD与AA'的夹角。其中:AD是地层断距,同上所述;AA'是总滑距,其滑动方向(滑向线)可由线性标志和面性标志给出。线性标志指擦痕、擦沟、断层面上纤维状方解石或石英等,直接指示滑动方向;而面性标志指断层活动过程中派生的羽状节理、分支断层、拖褶皱皱面等,它们与断层面的交线的垂直方向指示滑动方向。同理,在赤平投影网上可求出θ值(见图16-2)。

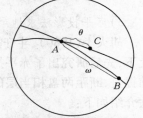

图16-2 赤平投影求ω和θ值

最后,将L值、ω值代入式(16-1),求出AD,再将AD和θ值代入式(16-2),便可求出AA'。

5.断层岩的分类

常见的断层岩可分为碎裂岩类(见表16-2)和糜棱岩类(见表16-3),与形成的深度有密切关系。

表16-2 碎裂岩类分类

固结程度	结构及其定向性	主导作用	基质含量(%)	多数颗粒粒径(mm)	岩石名称
未固结的		碎裂作用为主	可见碎块<30%		断层泥
固结的	紊乱结构	玻璃化或部分脱玻化			假玄武玻璃
		碎裂作用为主	<50	>2	断层角砾岩
			50~90	0.1~2	碎粒岩
			>90	<0.1	碎粉岩、超碎裂岩

6. 断层时代的确定

1) 单一性质断层活动时代的确定

(1) 根据断层是否切割岩层和界面,判断断层活动时代的上、下限。

(2) 利用沿断层侵入的岩脉、岩墙或小岩体的同位素年龄,判定断层发生的时代。

(3) 利用断层带中应力矿物的同位素年龄,判断断层发生的时代。

(4) 根据断层切割、错开已知时代的地质体或断层,确定断层活动的相对年龄。

(5) 利用断层带上尚未被破坏的地层,确定断层相对的活动时代。

(6) 根据区域构造背景推断断层活动的时代。

表 16-3　糜棱岩类分类

基质性质	基质含量(%)	主要颗粒粒径(mm)	岩石名称
糜棱岩化作用为主	<10		糜棱岩化××岩
	10~50		初糜棱岩
	50~90	<0.05	糜棱岩
	>90	<0.05	超糜棱岩
静态重结晶作用为主		<0.1	千糜岩
		0.5~0.05	变余糜棱岩
		>0.5	构造片岩
		>0.5	构造片麻岩

2) 复杂断层多期活动性的确定

(1) 对比断层两侧地层的岩相、厚度及其上、下构造层之间接触关系。

(2) 断层角砾岩中的角砾本身就是角砾岩。

(3) 断层两盘的运动学标志相互矛盾,两套构造体系和派生构造同时存在。

(4) 沿断层带动力变质作用多次叠加。

(5) 沿断层带多期岩浆活动。

7. 活断层的判别标志

(1) 第四纪沉积物中发育断层和褶皱。

(2) 排列有序的断层崖、断层三角面,并常常作为盆地和山脉的界线。

（3）肘状弯曲的河流、错开的溪流。

（4）阶地冲积扇、剥离面的切割、阶地不均匀的升降。

（5）线状排列的封闭坳陷、下陷池塘、泉或湿地。

（6）线状分布的滑坡壁。

（7）串珠状的地震震中和现代火山群等。

（四）断层的野外描述

1. 断层野外描述的内容

（1）断层名称：地名＋断层类型，或用断层编号。

（2）断层位置：地理位置、构造部位。

（3）断层规模：延伸方向、地点、长度、宽度。

（4）断层产状：产状及其变化。

（5）断层证据：存在、性质、活动时代等证据。

（6）断层两盘相对运动的方向及其错距。

（7）断层性质。

（8）断层与其他构造或矿产的关系。

2. 断层野外描述举例

金银洞北山逆断层：

位于安徽皖维公司东边 177 高地的南坡，俞府大村向斜的东南翼，沿石炭系黄龙组与二叠系栖霞组之间通过，延伸方向为 24°，出露长度不足 1 km，根据断层带中劈理和角砾岩的产状，该断层面倾向北西，倾角 50°。

断层使得黄龙组、船山组和栖霞组部分地层重复出现，断层的西盘（上盘）为黄龙组，东盘为栖霞组臭灰岩段的部分地层，两盘地层倾向相一致，均向西倾，倾角 35°~40°，略小于断层面的倾角。沿断层线发育一条宽约 80 cm 的角砾岩带，角砾成分单一，均为石灰岩，钙质胶结并普遍重结晶。地貌上沿断层线形成一个明显的平坦台阶。

由于该断层造成地层重复，断层倾向与断层倾向一致，且断层倾角大于地层倾角，根据断层效应的分析判断：西盘（上盘）上升，东盘（下盘）下降，故为逆断层。按照被重复部分地层厚度的估算，其地层断距约 45 m。断层向北东方向延伸不远就被北西向横断层错开。

在野外描述断层时，若次要断层较多，不必一一描述，可列表说明（见表 16-4）。

表 16-4　断层统计表

断层编号	断层名称	断层位置	断层规模			断层产状	断层性质	断层特征	备注
			长度	宽度	断距				

单位：　　　　　　　　　制表人：　　　　　　年　月　日

三、节理的观测和研究

(一)节理的观测和描述内容

1. 观测和描述的内容

(1)节理所在岩层的时代、岩性和产状。

(2)节理所在的构造部位,与大构造(褶皱、断层)的关系。

(3)节理面的特征(平直、光滑、粗糙、擦痕)及其充填物特征。

(4)节理的组合和排列形式(共轭、平行、斜列、羽列、追踪等)。

(5)空间展布特征,几何形态,密度,节理间隙宽度,规律性。

(6)节理的尾端变化(折尾、菱形结环、节理叉、树枝状、杏仁状等)。

(7)节理的错动方向,判断节理的性质(张节理或剪节理)。

2. 节理统计

在观测上述内容时,常常有计划的布置节理观测点,进行节理的统计和测量,并填写节理观测记录表(见表 16-5)。

(二)节理的分期和配套

1. 节理的分期

(1)根据节理之间的相互关系分期。

切割错开、限制中止、相互切割。

(2)根据节理与成矿关系分期。

成矿前的节理多被矿体、矿脉、侵入体、岩脉利用、充填、灌入;成矿后的节理常常切过矿体、侵入体,其自身又未受矿化。

2. 节理的配套

节理的配套就是将同一应力场作用下产生的、有成因联系的几组不同性质的节理,配合成为一套节理系统,研究其与大构造的关系,以便恢复古应力场。

同一应力作用下形成的同一套节理,可利用如下的分析方法:

(1)相互交错,切截。

(2)两组共轭剪节理性质相同,旋向相反。

(3)各组节理的延伸方向,可与节理尾端的尾叉、菱形结环相对应。

(4)雁列节理、羽状节理的排列方式和性质与共轭剪节理的方位和性质相对应。

(5)追踪张节理与共轭剪节理的锐夹角平分线相一致,代表主压应力的方位。

表 16-5　节理观测记录表

点号	构造位置	所在岩层			节理特征						备注
		层位	岩性	产状	分组	性质	旋向	密度	充填物特征	分期配套	

单位:　　　　　　　　填表人:　　　　　　　年　　月　　日

第十七章　地貌第四纪地质的研究方法

一、第四纪地貌观察和研究

(一)地貌观察和研究的主要内容

(1)指明观察点所在的地理位置、海拔高度、相对高程、地貌部位等。

(2)测量各种地貌要素和几何形态(面积、宽度、高度、深度)。

(3)对单体地貌形态和组合地貌形态进行观察与描述。

(4)划分地貌类型和微地貌单元。

(5)分析地貌成因,划分地貌成因类型。

(6)调查地貌景观资源和地貌地质灾害。

(二)地貌观察和研究的基本要求

(1)查明地貌的年代及区域地貌发展史。

(2)查明地貌的区域分布规律,进行地貌分区。

(3)查明地貌形态与岩性、构造、气候的关系。

(4)查明气候变化、新构造运动和人类活动与地貌发育、变化的关系。

二、第四纪沉积物性质观察和研究

(一)地层剖面的观察和研究

(1)剖面中各层的厚度变化情况。

(2)地层的颜色(浅、深、淡、暗)。

(3)确定粒度等级。

(4)结构构造(层面和层间构造,上下层接触关系,颗粒排列及其外表特征等)。

(5)土状堆积物的可塑性和坚实程度。

(6)风化现象、风化程度,尤其应注意观察剖面中的古风化壳和古土壤层。

(7)砾石层。

(8)特殊的地质现象(矿、化石、文化遗迹、火山灰、化学沉积、泥炭、古土壤层等)。

(9)岩层的划分和命名,名称应体现堆积物的颜色、风化程度、胶接程度、机械组合和岩矿成分的特征。

（10）与基岩的接触关系。

（11）确定堆积物的形成环境和相对年龄。

（12）采集标本和分析、鉴定样品。

（13）摄影和素描。

（二）沉积物的观察和描述

1. 观察和描述的内容

（1）沉积物颗粒成分。

（2）粒度特征（粒径及岩性分类、粒级组成等）。

（3）颜色（原生色、次生色、干色、湿色）。

（4）结构构造（原生构造和次生构造）。

（5）胶结方式和固结程度。

2. 岩性定名

第四纪沉积物的定名，主要根据碎屑沉积物粒级划分（见表17-1）和碎屑沉积物种类分类（见表17-2）。

表 17-1　碎屑沉积物粒级划分

粒径 （mm）	>1 000	1 000 ~ 200	200 ~ 20	20 ~ 2	2 ~ 0.5	0.5 ~ 0.25	0.25 ~ 0.1	0.1 ~ 0.05	0.05 ~ 0.005	<0.005
粒组	巨砾	大砾	中砾	细砾	粗砂	中砂	细砂	极细砂	粉砂	黏土
	砾				砂					

表 17-2　碎屑沉积物种类分类

粒组	名称				
	砾石层	砂层	亚砂土层	亚黏土层	黏土层
砾粒（%）	>10	<10			
黏粒（%）		<3	3 ~ 10	10 ~ 30	>30

（三）砾石层的观察和描述

1. 观察和描述的内容

（1）砾性。砾石的岩性成分。

（2）砾径。分别记录最大砾径和平均砾径，并用百分比估计比例。

（3）砾向。砾石 A、B 面的倾向和倾角，定向性程度等。

（4）砾态。包括球度（砾石 A、B、C 三轴的差异程度）和磨圆度。

（5）表面特征。光滑程度，有无擦痕及擦痕的特征等。

（6）风化程度。分未风化、弱风化、中等风化、强风化和全风化。

（7）充填或胶接方式与程度。

2. 砾石统计和测量

对具有特殊意义的砾石，要进行测量和统计（见表17-3）。

表17-3　砾石测量记录

编号	砾石成分	各轴长度			扁平面产状		磨圆度	风化程度	其他特征
		A轴	B轴	C轴	倾向	倾角			

观测点：　　　　　　　　　　　　　记录人：　　　　年　　月　　日

（四）土状堆积物的观察和描述

观察分析岩性的可塑性、坚硬程度、土层的风化程度（如古风化壳和古土壤层），并对第四纪土状堆积物进行鉴定和划分（见表17-4）。

表17-4　砂—土状沉积物鉴定特征

陆相沉积名称	肉眼观察或放大镜观察情况	干土性质	湿土性质	颗粒含量（%）	
				<0.01 mm	<0.002 mm
砂土	几乎全部为粒径大于0.25 mm的颗粒	松散的	在湿度不大时具有明显的黏浆性，过度潮湿时即处于流动状态	5	<2
黏土质砂	几乎全部由大于0.25 mm 的颗粒组成，少数为黏土	松散的		5～10	
亚砂土	粒径大于0.25 mm的颗粒占大多数，其余为黏土	用手掌压或掷于板上，易压碎	非塑性。不能搓成细条。球面形成裂纹破碎	10～30	2～10
亚黏土	占多数的黏土颗粒中，偶见粒径大于0.25 mm 的颗粒	用锤击或用手压，土块易碎	有塑性。不能搓成细长条，弯折时断裂，可以捏成球形	30～50	10～30
黏土	同类细黏土，不含粒径大于 0.25 mm的颗粒	硬土不易被锤击成粉末	可塑性。有黏性和滑感，易搓成直径小于1 mm的细长条而不断，易搓成球状	>50	>30

(五)第四纪沉积物成因观察和研究

在上述观察分析的基础上,进行第四纪沉积物成因的综合研究,如表17-5、表17-6所示。

表17-5　确定沉积物成因类型的主要标志(一)

		残积物 el	坡积物 dl	洪积物 pl	冲积物 al	湖积物 l	沼泽沉积 lhh
沉积学标志	粒度成分	变化较大,细粒为主	细粒为主	砂、砾及黏质砂土为主	砾石、砂、黏质砂土、砂质黏土	细粒为主,有砾石、砂	细粒为主
	产状	零乱	与山坡坡面基本一致	不规则	A轴与流向一致,A、B面倾向上游呈叠瓦状排列	规则	规则
	磨圆	棱角状为主	棱角、次棱角状	次棱、次圆	次圆、圆	次圆、圆	
	表面特征	表面粗糙,不规则	有时见浅而凌乱的擦痕	有模糊、凌乱擦痕	表面光滑	圆形,表面光滑	
	构造	发育完全时可分层	多次堆积可分层,层与坡向一致	具多层结构,交错层,透镜体	二元结构,斜交层,透镜体	水平层理,斜层理	水平层理
	粒径及变化	分选较好,剖面下粗上细	从坡顶向坡麓变细	从山沟口向外缘逐渐变细	分选较好,剖面下粗上细	向湖心变细,分选好	均匀
	岩矿成分	同下伏基岩,可能有次生变化	与坡顶基岩相同,不稳定矿物能保存	成分较复杂	成分复杂,不稳定	复杂性取决于湖岸基岩及入湖河流	黏土矿物有机质十分丰富
	地层界线	不很清楚,不平整	与al、pl、gl等界限清楚	清楚	清晰,明显,比较平整	明显清晰	明显

		残积物 el	坡积物 dl	洪积物 pl	冲积物 al	湖积物 l	沼泽沉积 lhh
地貌学标志	堆积物的部位	分水岭等平坦地区	山坡下段	沟口、山口地形骤变处	河谷、冲积平原	湖盆湖滨	平原高原
	堆积地貌		坡积锥、坡积裙	洪积扇、洪积裙、洪积平原	阶地,河漫滩,砂洲砂堤,冲积平原	湖积堤,湖积平原	沼泽平原
	分布形状	片状	锥状组合成环状带	扇形组合成面状、带状	长条形为主,面状	块状	块状,带状
环境学标志	古生物方面		古土壤、动植物化石、孢粉	孢粉、动植物化石	泥炭、动植物化石、孢粉	淡水动物化石、水生植物残骸	大量孢粉和植物残骸、水生生物
	气候方面	各种气候带,以热带、亚热带最发育	温湿气候	干旱及半干旱为主	潮湿气候	湿润气候	各种气候条件

三、新构造运动的观察和研究

(一)地貌标志的观察和描述

1. 夷平面

(1)夷平面存在的证据(地貌证据、沉积证据等)。

(2)夷平面的高度和级次划分。

(3)夷平面的变形和变位特征。

(4)夷平面的形成时代(年间法、沉积相关法、宇宙核元素法)。

2. 河谷地貌观察的主要内容

1)河流阶地观察内容

(1)阶地的级次。

（2）阶地的高程（阶面和基座面的海拔高度）。

（3）阶地的类型（侵蚀、基座、嵌入、内叠、上叠、掩埋）。

表 17-6　确定沉积物成因类型的主要标志（二）

		冰物 （gl）	冰水沉积物 （fgl）	风积物 （eol）	化学堆积物 （ch）
沉积学标志	粒度成分	泥砾、粒径悬殊	砂黏土等土状堆积物局部有砾石	细粒为主（砂、砂质黏土、黏质砂土）	
	产状	一般无规则	有一定规则		
	磨圆	棱为主、次棱	次棱为主，少次圆		
	形状	多深而规则的擦痕、洼坑	部分砾石可能有擦痕，磨光面		
	结构、构造		有明显的层理及斜层理，透镜体	层理不清楚或为缓倾的斜层理	有层理
	粒径及变化	大小混杂、巨砾远扬	随堆积时季节性气候变化有明显差异	分选极好，沿风力方向变细	均匀
	岩矿成分	较复杂，大量不稳定矿物存在	较复杂，大量不稳定矿物存在	以坚硬的碎屑矿物为主，风成黄土有黏土矿物	取决于矿液化学成分
地貌学标志	堆积物的部位	古冰川 U 形谷，冰汛平原	冰川区外缘和冰流内洞穴堆积	干旱区，冰川区外缘及海滨；河岸	湖泊、洞穴
	堆积地貌	冰垅、鼓丘及冰汛平原	冰水阶地，冰砾埠、蛇丘、冰水冲积扇	沙丘、沙垅和黄土塬，塝崕	
	分布形状	长条形、弧形、扇形	长条形	带状，面状	片状、星点状
环境学标志	古生物方面	耐寒的动植物化石、孢粉	耐寒的动植物化石、孢粉	动植物残骸、干旱孢粉	
	气候方面	寒冷气候	寒冷气候	干旱气候，寒冷气候	干旱、潮湿气候均有

（4）阶地的时代（一般在河漫滩相底部取样）。

（5）测制河流阶地横剖面图。

116

（6）编制河谷纵剖面图,分析流域新构造运动。

2）河床(冲沟)地貌观察的内容

（1）岩性特征、构造特征和微地貌特征。

（2）河床物质组成(基岩岩性的类型,松散层的粒度与厚度)。

3）谷坡形态观察的内容

（1）谷中谷地貌(各种谷肩的海拔高度、岩性组成等)。

（2）河流侵蚀凹槽。

（3）悬挂倒石锥和悬挂坡积物。

3. 岩溶地貌观察的主要内容

（1）产状洞穴分布及其高度。

（2）古岩溶地貌组合的层状分布。

（3）同期同类型岩溶地貌的不同高度。

（4）形成时代。

4. 洪积扇形态及组合地貌观察的主要内容

（1）洪积扇单体形态及变形。

（2）山前不同冲沟洪积扇形态及变形的共性与个性。

（3）洪积扇组合形态,不同时期洪积扇的空间组合关系。

（4）洪积扇扇顶位置的变化及规律性分布。

(二)水系标志的观察和描述

（1）水系不正常的绕流或汇流。

（2）多条水系的同步突然转弯。

（3）分流点或汇流点异常线性分布。

（4）水系或冲沟突然中止、错开。

（5）河流袭夺、古河道的废弃或河流的突然转向等。

(三)地质标志的观察和描述

（1）第三纪以来沉积物的粒度、形态变化规律,重点是不同砾石层的分布层位与形成时代。

（2）第三纪以来沉积物的成分、厚度和沉积速率的变化。

（3）第三纪以来沉积物的成因变化,尤其是由湖相到山麓冲洪积相的变化的层位与时代变化。

（4）新第三系以来地层的变形与变位。

（5）第三系以来的断层的规模几何学、运动学特点,力学性质、活动期次和最新活动年代。

四、第四纪地质事件调查研究

第四纪地质事件与人类生态环境的关系极为密切,同时第四纪地质事件极为复杂,应重点从以下几个方面对第四纪地质事件进行调查和研究。

(1)构造事件:古地震事件、火山喷发事件等。

(2)天体事件:陨石、陨石玻璃等。

(3)气候事件:短暂的、极端的热、冷、干、湿气候,如洪灾、风沙层等。

(4)重力事件:崩塌、滑坡、泥石流等。

在对第四纪地质事件调查和研究的过程中,要求查明各种地质事件的地质背景、发生年代、发生规律,以及对地球生态环境的影响程度。

附 录

附录一 踏勘线路参考

一、狮子口剖面

观察并描述志留系高家边组、坟头组,泥盆系五通组地层特征及地层接触关系,熟悉罗盘的使用方法,学习使用 GPS。

(1)熟悉碎屑岩的分类及野外观察、描述方法。

(2)观察描述高家边组和坟头组的岩性组合特征及沉积构造。

(3)观察描述五通组底砾岩特征及五通组上部黏土岩的古生物化石特征。

(4)观察地层的连续性,判断断层的存在。

(5)熟悉地质罗盘的使用方法。

(6)观察地貌特征与地质构造的关系。

(7)学习 GPS 的使用。

二、麒麟山—平顶山

熟悉石炭—三叠系地层,了解区域构造形态,学习地质构造的观察与描述,学习罗盘定位方法。

(1)熟悉碳酸盐岩石分类,观察描述石炭系、二叠系、三叠系地层特征。

(2)观察描述鹅头崖断层,练习素描或照相,初步分析构造应力。

(3)观察凤凰山背斜核部构造特征,高家边组中的层面构造。

(4)鸟瞰测区构造概貌和地形特征。

(5)观察平顶山向斜构造,分析区域构造特征。

(6)罗盘定位方法。

三、马鞍山—水泥厂

熟悉三叠系地层分布及其特征,学习褶皱及断层的野外观察与分析。

（1）观察三叠系剖面。

（2）观察平顶山向斜核部的褶皱形态。

（3）观察以三叠系为核部的平顶山向斜西南倾伏端次级小褶皱。

（4）观察马鞍山组膏溶角砾岩。

（5）观察马鞍山走向断层的特征。

（6）观察凤凰山转折端的构造形态。

四、中庙（碧桂园酒店）—小蔡村

观察了解中生代火山岩、火山沉积岩、沉积岩、太古代变质岩。

（1）观察毛坦厂组火山岩（粗面岩、安山岩、粗安岩、凝灰岩），黑石渡组火山沉积岩。

（2）观察张桥组砂砾岩沉积。

（3）观察太古代大横山岩组变质岩。

五、吴大海—靠山杨

了解湖泊地质作用及侵入岩：

（1）观察湖岸岩石地貌及湖泊地质作用，湖岸剥蚀与沉积。

（2）观察侵入岩、脉岩及侵入接触关系。

（3）观察张桥组的岩性特征。

（4）观察湖岸崩塌、滑坡。

附录二　地质罗盘的使用方法

地质罗盘是进行野外地质工作必不可少的一种工具。它可用于测定方向、确定位置，测量地质体或地质界面的产状，是地质工作者最常用的仪器，因此必须学会使用地质罗盘。

一、原理

地质罗盘上有一个指针，用它指明磁子午线的方向，可以粗略确定目标相对于磁子午线的方位角，并利用水准器装置测其垂直角（俯角或仰角），以确定被测物体所处的位置。

由于地磁的南北两极与地理上的南北两极位置不相符，即地磁子午线与地理子午线不重合,地球上任一点的磁北方向与该点的正北方向不一致,这两方向间的夹角叫磁偏角。因此,在罗盘使用前,要进行磁偏角的校正,这一点常被忽视。

二、结构

地质罗盘式样很多,但结构基本是一致的,常用的是圆盆式地质罗盘。主要包括磁针、水平仪和倾斜仪。结构上可分为底盘、外壳和上盖,主要仪器均固定在底盘上,三者用合页联结成整体。

地质罗盘由磁针、刻度盘、测斜仪、瞄准觇板、水准器等几部分安装在一铜、铝或木制的圆盆内组成。地质罗盘示意见附图1。

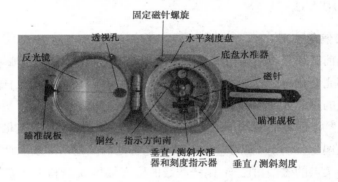

附图1　地质罗盘示意

(一)磁针

磁针一般为菱形的钢针,安装在底盘中央的顶针上,可自由转动,将磁针抬起压在盖玻璃上避免磁针帽与顶针尖的碰撞,以保护顶针尖,延长罗盘使用时间。由于我国位于北半球,磁针两端所受磁力不等,使磁针失去平衡。为了使磁针保持平衡,常在磁针南端绕上几圈铜丝,用此也便于区分磁针的南北两端。

(二)水平刻度盘

它从零度开始按逆时针方向每10°一记,连续刻至360°,0°和180°分别为 N 和 S,90°和270°分别为 E 和 W,利用它可以直接测得地面两点间直线的磁方位角。

(三)竖直刻度盘

它专用来读倾角和坡角读数,以 E 或 W 位置为0,以 S 或 N 为90°,每隔10°标记相应数字。

（四）悬锥

悬锥是测斜器的重要组成部分,悬挂在磁针的轴下方,通过底盘处的觇板手可使悬锥转动,悬锥中央的尖端所指刻度即为倾角或坡角的度数。

（五）水准器

水准器通常有两个,分别装在圆形玻璃管中,圆形水准器固定在底盘上,长形水准器固定在测斜仪上。

（六）瞄准器

瞄准器包括接物和接目觇板,反光镜中间有细线,下部有透明小孔,使眼睛、细线、目的物三者成一线,作瞄准之用。

三、使用方法

（一）磁偏角校正

在使用前必须进行磁偏角的校正。因为地磁的南、北两极与地理上的南、北两极位置不完全相符,即磁子午线与地理子午线不相重合,地球上任一点的磁北方向与该点的正北方向不一致,这两方向间的夹角叫磁偏角。

地球上某点磁针北端偏于正北方向的东边叫作东偏,偏于正北方向的西边称西偏。东偏为(+),西偏为(-)。地球上各地的磁偏角都按期计算、公布,以备查用。若某点的磁偏角已知,则一测线的磁方位角 A 磁和正北方位角 A 的关系为 A 等于 A 磁加减磁偏角。应用这一原理可进行磁偏角的校正,校正时可旋动罗盘的刻度螺旋,使水平刻度盘向左或向右转动(磁偏角东偏则向右,西偏则向左),使罗盘底盘南北刻度线与水平刻度盘 0° ~ 180° 连线间夹角等于磁偏角。经校正后测量时的读数就为真方位角。磁偏角校正示意见附图 2。

（二）目的物方位的测量

目的物方位的测量是测定目的物与测者间的相对位置关系,也就是测定目的物的方位角(方位角是指从子午线顺时针方向到该测线的夹角)。

测量时放松制动螺丝,使对物觇板指向测物,即使罗盘北端对着目的物,南端靠着自己,进行瞄准,使目的物、对物觇板小孔、盖玻璃上的细丝、对目觇板小孔等连在一直线上,同时使底盘水准器水泡居中,待磁针静止时,指北针所指度数即为所测目的物的方位角。若指针一时静止不了,可读磁针摆动时最小度数的 1/2 处,测量其他要素读数时亦同样。

若用测量的对物觇板对着测者(此时罗盘南端对着目的物)进行瞄准,指北

已知磁偏角 −3°52′ 为西偏 3°52′ ，则刻度盘向左调整这个角度

附图 2   磁偏角校正示意

针读数表示测者位于测物的什么方向,此时指南针所示读数才是目的物位于测者什么方向,与前者比较这是因为两次用罗盘瞄准测物时罗盘的南、北两端正好颠倒,故影响测物与测者的相对位置。

为了避免时而读指北针,时而读指南针,产生混淆,应以对物觇板指着所求方向恒读指北针,此时所得读数即所求测物的方位角。

(三)岩层产状要素的测量

岩层的空间位置决定于其产状要素,岩层产状要素包括岩层的走向、倾向和倾角。测量岩层产状是野外地质工作的最基本的工作方法之一,必须熟练掌握。

1. 岩层走向的测定

岩层走向是岩层层面与水平面交线的方向,也就是岩层任一高度上水平线的延伸方向。

测量时将罗盘长边与层面紧贴,然后转动罗盘,使底盘水准器的水泡居中,读出指针所指刻度即为岩层的走向。

因为走向是代表一条直线的方向,它可以向两边延伸,指南针或指北针所读数正是该直线的两端延伸方向,如 NE30° 与 SW210° 均可代表该岩层的走向。

2. 岩层倾向的测定

岩层倾向是指岩层向下最大倾斜方向线在水平面上的投影,恒与岩层走向垂直。

测量时,将罗盘北端或接物觇板指向倾斜方向,罗盘南端(反光镜一端)紧靠着朝上的一面并转动罗盘,使底盘水准器的水泡居中,读指北针所指刻度即为岩层的倾向。

假若在岩层朝上的一面上进行测量有因难,也可以在岩层朝下的一面测量,则用罗盘南端(反光镜一端)紧靠岩层底面,读指南针即可。岩层倾向的测定见附图3。

附图3　岩层倾向的测定示意

3. 岩层倾角的测定

岩层倾角是岩层层面与假想水平面间的最大夹角,即真倾角,它是沿着岩层的真倾斜方向测量得到的。沿其他方向所测得的倾角是视倾角。视倾角恒小于真倾角,也就是说,岩层层面上的真倾斜线与水平面的夹角为真倾角,层面上视倾斜线与水平面的夹角为视倾角。真倾斜方向总是与走向垂直。

测量时将罗盘直立,并以长边靠着岩层的真倾斜线,沿着层面左右移动罗盘,并用中指搬动罗盘底部的活动扳手,使测斜水准器的水泡居中,读出悬锥中尖所指最大读数,即为岩层的真倾角。

岩层产状的记录方式通常采用方位角记录方式,如果测量出某一岩层走向为310°,倾向为220°,倾角35°,则记录为 NW310°/SW∠35°或310°/SW∠35°或220°∠35°。

野外测量岩层产状时需要在岩层露头测量,不能在转石(滚石)上测量,因此要区分露头和滚石。区别露头和滚石,主要是多观察和追索,并要善于判断。

测量岩层面的产状时,如果岩层凹凸不平,可把记录本平放在岩层上当作层面,以便进行测量。

附录三 地质图例

一、沉积岩

图例	名称	图例	名称	图例	名称
	第四系		石英砾岩		长石质砂岩
	角砾岩		复成分砾岩		长石石英砂岩
	砂质角砾岩		凝灰质砾岩		复成分砂岩
	泥质角砾岩		砂岩		海绿石砂岩
	钙质角砾岩		粗砂岩		含铁质砂岩
	砾岩		中砂岩		泥质砂岩
	含角砾砾岩		细砂岩		钙质砂岩
	砂质砾岩		石英砂岩		凝灰质砂岩
	砂砾岩		长石砂岩		粉砂岩
	含砾粉砂岩		凝灰质页岩		条带状灰岩
	含砂粉砂岩		铝土质页岩		角砾灰岩
	泥质粉砂岩		灰岩		竹叶状灰岩
	凝灰质粉砂岩		砂质灰岩		鲕状灰岩
	含碳质粉砂岩		泥质灰岩		豹皮状灰岩

· 125 ·

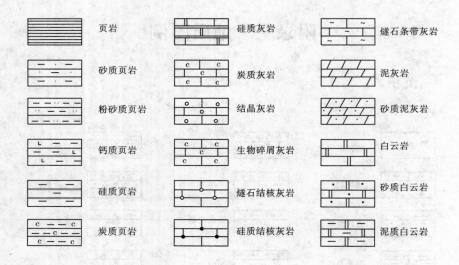

页岩	硅质灰岩	燧石条带灰岩
砂质页岩	炭质灰岩	泥灰岩
粉砂质页岩	结晶灰岩	砂质泥灰岩
钙质页岩	生物碎屑灰岩	白云岩
硅质页岩	燧石结核灰岩	砂质白云岩
炭质页岩	硅质结核灰岩	泥质白云岩

二、侵入岩

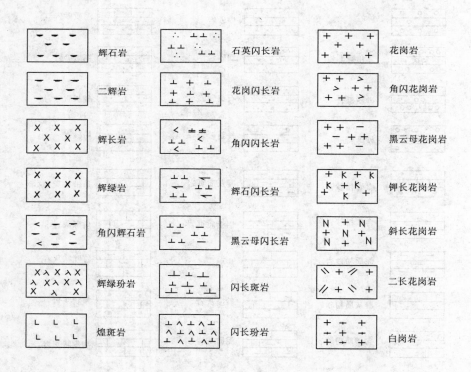

辉石岩	石英闪长岩	花岗岩
二辉岩	花岗闪长岩	角闪花岗岩
辉长岩	角闪闪长岩	黑云母花岗岩
辉绿岩	辉石闪长岩	钾长花岗岩
角闪辉石岩	黑云母闪长岩	斜长花岗岩
辉绿玢岩	闪长斑岩	二长花岗岩
煌斑岩	闪长玢岩	白岗岩

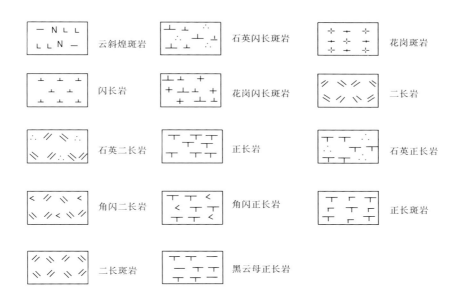

云斜煌斑岩　石英闪长斑岩　花岗斑岩

闪长岩　花岗闪长斑岩　二长岩

石英二长岩　正长岩　石英正长岩

角闪二长岩　角闪正长岩　正长斑岩

二长斑岩　黑云母正长岩

三、喷出岩

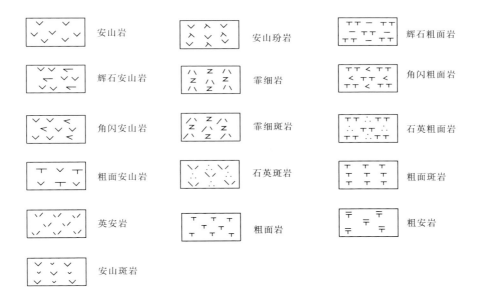

安山岩　安山玢岩　辉石粗面岩

辉石安山岩　霏细岩　角闪粗面岩

角闪安山岩　霏细斑岩　石英粗面岩

粗面安山岩　石英斑岩　粗面斑岩

英安岩　粗面岩　粗安岩

安山斑岩

四、火山碎屑岩

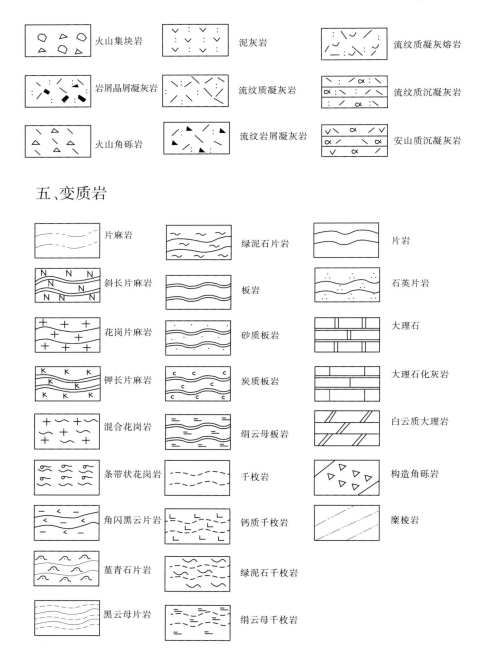

火山集块岩 　泥灰岩 　流纹质凝灰熔岩

岩屑晶屑凝灰岩 　流纹质凝灰岩 　流纹质沉凝灰岩

火山角砾岩 　流纹岩屑凝灰岩 　安山质沉凝灰岩

五、变质岩

片麻岩 　绿泥石片岩 　片岩

斜长片麻岩 　板岩 　石英片岩

花岗片麻岩 　砂质板岩 　大理石

钾长片麻岩 　炭质板岩 　大理石化灰岩

混合花岗岩 　绢云母板岩 　白云质大理岩

条带状花岗岩 　千枚岩 　构造角砾岩

角闪黑云片岩 　钙质千枚岩 　糜棱岩

堇青石片岩 　绿泥石千枚岩

黑云母片岩 　绢云母千枚岩

六、构造图例

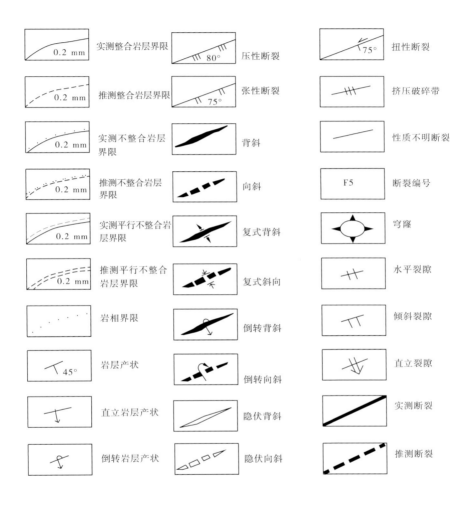

实测整合岩层界限	压性断裂	扭性断裂
推测整合岩层界限	张性断裂	挤压破碎带
实测不整合岩层界限	背斜	性质不明断裂
推测不整合岩层界限	向斜	断裂编号
实测平行不整合岩层界限	复式背斜	穹窿
推测平行不整合岩层界限	复式斜向	水平裂隙
岩相界限	倒转背斜	倾斜裂隙
岩层产状	倒转向斜	直立裂隙
直立岩层产状	隐伏背斜	实测断裂
倒转岩层产状	隐伏向斜	推测断裂

附录四 地质图、地形图

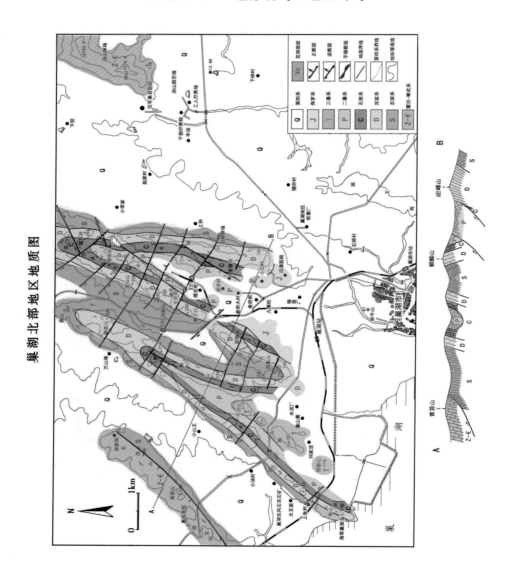

巢湖北部地区地质图

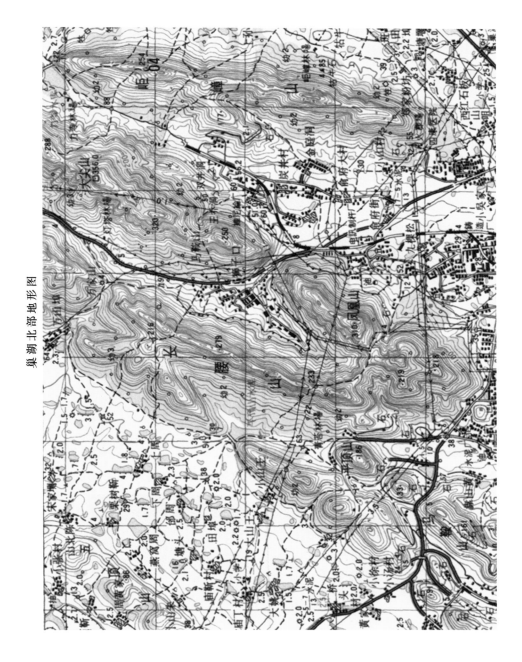

巢湖北部地形图

附录五 图 版

图版Ⅰ-1 震旦系皮壳状白云岩(青苔山)

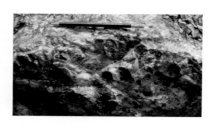

图版Ⅰ-2 五通组底部砾岩

图版Ⅰ-3 高骊山组杂色页岩及灰岩

图版Ⅰ-4 船山组球状灰岩(平顶山)

图版Ⅰ-5 栖霞组底部煤线(平顶山采坑)

图版Ⅰ-6 栖霞组下硅质层(平顶山)

图版Ⅰ-7 大隆组岩性

图版Ⅰ-8 殷坑组岩性及小断层

图版Ⅱ-1　砂岩中斜层理(坟头组)

图版Ⅱ-2　三叶虫化石(电厂方向平顶山仰起端坟头组)

图版Ⅱ-3　金陵组珊瑚化石

图版Ⅱ-4　菊石化石(孤峰组泥岩)

图版Ⅱ-5　平顶山向斜仰起端

图版Ⅱ-6　层间褶皱

图版Ⅱ-7　靠山黄南陵湖组构造破碎

图版Ⅱ-8　鹅头崖逆冲

参 考 文 献

[1] 王道轩,等.巢湖地学实习教程[M].合肥:合肥工业大学出版社,2005.

[2] 安徽省地质勘查局.安徽省区域地质志[M].北京:地质出版社,1987.

[3] 安徽省地质调查院.1:5万黄麓镇幅区域区地质调查说明书[R].合肥:安徽省地质调查院,1998.

[4] 安徽省地质调查院.1:5万姥山幅区域地质调查报告[R].合肥:安徽省地质调查院,2009.

[5] 长安大学资源学院.安徽巢湖地质实习基地实习指导书[Z].2007.

[6] 中华人民共和国国土资源化标准技术委员会.GP 958—99 1:5万区域地质图图例[S].北京:中国标准出版社,2000.

[7] 安徽省地方志编纂委员会.巢湖志[M].合肥:黄山书社,1988.

[8] 中国地质调查局.DD 2006—01 固体矿产勘查原始地质编录规程(试行)[S].2006.

[9] 赵得思.构造地质学[M].哈尔滨:哈尔滨工程大学出版社,2012.